JN079551

コンクリート主任技士・診断士試験 小論文のツボ

平岩 陸 著

学芸出版社

はじめに

　本書は、日本コンクリート工学会 (JCI) の認定資格であるコンクリート主任技士試験およびコンクリート診断士試験の小論文試験の書き方のポイント"ツボ"を説明したものです。これらの試験では、四肢択一問題とともに、1000 文字程度の小論文問題が課されます。

　小論文試験では、2 つの能力が問われます。
　　1. 知識
　　2. 文章作成技術

　1 の知識は、小論文の内容に直結するものです。書いてある内容が間違っていれば、当然評価は低くなります。これは四肢択一問題と同様なので、四肢択一問題の対策として得た知識を文章で説明できるようにしておくことが小論文対策になります。
　2 の文章作成技術は、読んだときにわかりにくい、もしくはわからないといった文章の優劣です。たとえ 1 の知識があり、書かれている内容が正しかったとしても、それが上手に伝わらないのであれば、小論文としての評価はとても低くなります。

　本書では、主として 2 の文章作成技術を説明しています。具体例を挙げるなら、下記のような文章の作成技術です。
　コンクリート主任技士試験では、
　　自分の知識を、どのように問題文に解答する形で文章にするか？
　コンクリート診断士試験では、
　　自分の知識に基づく診断を、問題文の資料をどのように使って裏付けながら文章にするか？

　本書がコンクリート主任技士試験およびコンクリート診断士試験の合格の一助となれば幸いです。と同時に、小論文試験の勉強を通じて、自分の考えをわかりやすく文章にする技術を身につけてもらえたら、著者として望外の喜びです。それは必ず一生の財産になります。

　また、本書の出版にあたっては、学芸出版社の中木保代さんに大変お世話になりました。付記して謝意を表します。

2021 年 6 月

著者

目次

3 章　小論文作成時の基本的な注意事項　　33

4 章　小論文の解答のツボ　　57

4・1　コンクリート主任技士試験：小論文の解答のツボ　58

4・2　コンクリート診断士試験：小論文の解答のツボ　95

1章
<u>試験について</u>

　ここでは、コンクリート主任技士試験およびコンクリート診断士試験について、まず試験内容を簡単に説明します。試験の詳細や最新の情報は実施機関である日本コンクリート工学会のホームページの案内を参考にしてください。

　その後、本書の主な内容である小論文の問題について、実際にかけられる時間や過去問題の傾向と対策について述べています。実際にかけられる時間については、試験時間が限られている以上、試験対策として常に意識する必要があります。そして過去問題の傾向をつかむことによって、どのような対策をしていけばよいかを把握し、今後の学習の方針としてください。

1·1 コンクリート主任技士試験

1 試験内容

コンクリート主任技士の試験内容は、2020 年度では下記のような内容でした。

> 出題形式　四肢択一問題：25 題
> 　　　　　小論文：1 題（行数指定：1 行 25 文字 ×30 行〜 40 行）
> 試験時間　3 時間（13：30 〜 16：30）

しかし、この内容は新型コロナウイルスの影響で変更されたもので、それ以前とは少し異なっており、2021 年度以降どうなるかは定かではありません。

一方、2019 年度以前は下記のような内容でした。

> 出題形式　四肢択一問題：27 題
> 　　　　　小論文：2 題（行数指定：1 行 25 文字 ×18 行〜 24 行）
> 試験時間　3 時間 30 分（13：30 〜 17：00）

違いは、四肢択一問題が 27 題と多かったということと、小論文は 2 題で文字数が 1 題としては少なかったことで、このような形に今後戻る可能性もあります。

本書では、2019 年度以前の形式を対象として、小論文の対策を考えていきたいと思います。なお、2020 年度の試験問題については、6 章の過去問題解説で説明します。出題形式が小論文 1 題と公表されたら、6 章を参照しつつ、小論文を書く手順の基礎については 4 章の解答のツボを参考に身につけてもらえばと思います。

なお、2020 年度は新型コロナウイルスという特別な事情がありましたが、試験内容も時々変更されてきましたので、試験時の最新の受験案内をよく確認するようにしてください。これは、小論文にかけられる時間にも関わりますので、把握しておくことは重要です。

これまでの変更点には、次に挙げるようなものがありました。

四肢択一問題

27 題となったのは 2018 年度から。それまでは 30 題でした。

小論文

2 題となったのは 2013 年度から。それ以前は、1 題 600 ～ 800 字で、試験時間は 3 時間でした。ただし、これに加えて、合格者は後日東京で面接がありました。また、2014 年度から (1) などの項目指定がされるようになり、2018 年度以降は各項目に行数指定もされるようになっています。

2　小論文にかけられる時間の把握

試験内容、試験時間をもとに、小論文にかけられる時間を考えます。時間内に解答できないと意味がありませんので、時間を把握して解答することが重要です。

ここでは、2019 年度の試験内容から、小論文にかけられる時間を考えます。

四肢択一問題 27 題を解く時間を考えると、

　　1 題あたり 3 分 ×27 問＝ 81 分→　 小論文は 129 分

　　1 題あたり 4 分 ×27 問＝ 108 分→　 小論文は 102 分

ということになり、この時間で解答できるかを把握しておく必要があります。一度実際に解答してみて、どのぐらい時間がかかるかを測っておきましょう。時間が足りなければ、四択問題を解く時間を早くするか、小論文を解く時間を早くするかの対策を考える必要があります。

できれば小論文に 120 分程度はかけたいです。この場合、択一問題は 90 分程度、1 題につき 3 分程度でクリアする必要があります。

また、小論文は 2 題ですので、各 60 分と考えれば、20 分：構想、40 分：文章書きぐらいの配分のイメージを持っておくとよいかと思います。文章を単純に写すだけでも 20 分ぐらいはかかると思いますので、残り時間が 20 分を切ったら、文章を書くだけでもギリギリ、さらに、考えながら文章を書いて完成させるのはほぼ不可能ということになります。

できれば四択問題を含めての見直し時間がいくらかあると心の余裕になるので、四択問題ではわからないものには時間を掛けないなどして、早め早めに解いていく必要があります。いずれにしても時間の猶予はあまりないので、時間を念頭に置いた学習をしましょう。

3 過去問題の傾向と対策

　コンクリート主任技士の小論文の過去問題の一例として、2019 年度を以下に示します。

問題 コンクリート主任技士（**2019 年度**）

　以下の問1および問2について、それぞれ指定された行数（1 行 25 文字）で記述しなさい。

問1 （コンクリート技術に関連する業務に関する問題）

　あなたが従事している（従事してきた）コンクリート技術に関連する業務（以下、業務）を取り上げ、(1) ～ (3) の項目について具体的に述べなさい。

(1) 業務を表す表題とあなたの立場（2 行以内）

(2) 業務の内容（7 行～ 10 行）

(3) 業務の中で、あなたが特に力を入れていること（入れていたこと）とその理由（9 行～ 12 行）

問2 （コンクリート主任技士として取り組むべきテーマに関する問題）

　次の①～④のテーマの中からいずれかひとつを選択し、(1) に選択したテーマ番号を記入し、(2)、(3) の項目について具体的に述べなさい。

テーマ番号	テーマ
①	コンクリート製造における「品質の確保」と「省力化・効率化」の両立
②	コンクリート製造における「品質の安定」と「環境負荷低減」の両立
③	コンクリート構造物における「耐久性の向上」と「環境負荷低減」の両立
④	コンクリート構造物における「現場施工の効率化」と「品質の確保」の両立

(1) 選択したテーマ番号（1 行）

(2) 選択したテーマに関する技術的な課題（6 行～ 8 行）

(3) 技術的な課題に対して、あなたが考える解決策と展望（11 行～ 15 行）

　このように 2 問出題されます。ここでは、1 問目は（コンクリート技術に関連する業務に関する問題）、2 問目は（コンクリート主任技士として取り組むべきテーマに関する問題）となっています。この括弧内の文言は年度によって多少変わりますが、つまりは、1 問目は**コンクリートに関する業務**について書かせるもの、2 問目はコンクリート主任技士としての**知識やテーマ**について書かせるものと言えるでしょう。表 1.1、1.2 に、これまでの出題内容を示します。

　この表に示されるように、問われる内容は毎年少し変わりますが、この出題の形式は今後変わらないと思われます。ただし、2020 年度については、新型コロナウイルスの影響で時間が短縮され、小論文が 1 問となりました。その内容は、ほぼ 2019 年度までの問 2 なのですが、設問の一部に問 1 の内容であった実務との関係が取り入れられていました。これは特別な措置と考えられますが、今後も同様に 1 問かもしれません。ここでは、2019 年度以前の形式を対象として説明を続けます。

　問 1 で問われる「コンクリートに関する業務」については、細かく見れば技術的課題やトラブル対応などの違いはありますが、基本的には自分の経験を書くものであり、すべての人が書くべき経験を持っているはずです。あとは、それをどのように小論文として書くかが問われることになりますので、文章を作成する技術を身につける必要があります。経験はあっても、それを日頃から文章としてまとめている人は少ないと思いますので、試験対策として自分の経験をいくつか文章にまとめておくとよいでしょう。過去問を解けば、必然的に自分の経験をまとめることになると思います。

　一方、問 2 で問われている「コンクリート主任技士としての知識やテーマ」については、知識そのものは四択問題の勉強で身についているはずです。このため、四択問題で身につけた知識を、どのように小論文として書くかが問われることになりますので、こちらもやはり文章を作成する技術を身につけておく必要があります。

表 1.1　コンクリート主任技士　問 1 で問われている内容

2020 年度	なし　（一部が問 2 に組み込まれた）
2019 年度	コンクリート技術に関連する業務 (1) 表題と立場 2 行以内　(2) 内容 7 〜 10 行 (3) 特に力を入れていた業務とその理由 9 〜 12 行
2018 年度	コンクリートに関する技術的なトラブルあるいは失敗の事例 (1) 概要 2 〜 4 行　(2) 原因 8 〜 10 行 (3) 対策と評価 8 〜 10 行
2017 年度	コンクリート技術に関連する業務 (1) 立場と表題 2 行以内　(2) 内容 7 〜 10 行 (3) 特に力を入れていること 8 〜 12 行
2016 年度	技術的課題に対応した事例 (1) 表題　(2) 立場　(3) 内容と対策　(4) 評価
2015 年度	コンクリートに関する業務のうち、技術的課題に対応した事例 (1) 表題　(2) 立場　(3) 概要と対策　(4) 再評価

表 1.2　コンクリート主任技士　問 2 で問われている内容

2020 年度	テーマ 3 つ「コンクリート分野における環境負荷低減」「コンクリート構造物の耐久性向上」「コンクリート構造物の現場施工における生産性向上」 (1) 選択したテーマ 1 行　(2) 技術的知識 14 行〜 18 行 (3) 実務との関係 10 行〜 14 行（これは問 1 の一部と考えられる） (4) 今後の展望 6 行〜 8 行
2019 年度	テーマ 4 つ：コンクリート製造における「品質の確保」と「省力化・効率化」の両立、コンクリート製造における「品質の安定」と「環境負荷低減」の両立コンクリート構造物における「耐久性の向上」と「環境負荷低減」の両立、コンクリート構造物における「現場施工の効率化」と「品質の確保」の両立 (1) 選択したテーマ 1 行　(2) 技術的な課題 6 〜 8 行 (3) 解決策と展望 11 〜 15 行
2018 年度	テーマ 3 つ「コンクリート分野における環境負荷低減」「コンクリート構造物の耐久性向上」「コンクリート構造物の現場施工の効率化」 (1) 選択したテーマ 1 行　(2) 技術的知識 10 〜 15 行 (3) 今後の展望 6 〜 8 行
2017 年度	テーマ 4 つ「自然災害」「少子高齢化」「IT（情報関連）」「持続可能な社会の構築」 (1) 選んだテーマ 1 行　(2) 知識およびまたは経験 10 〜 15 行 (3) コンクリート主任技士として今後の貢献 6 〜 8 行
2016 年度	コンクリートの材料、製造、コンクリート構造物の設計もしくは施工に関する最近の技術的進歩 (1) 内容と特徴　(2) どのように活用できるかの考え
2015 年度	持続可能な社会の実現について、現状と課題、課題に対してコンクリート主任技士として取り組むべきこと

1·2 コンクリート診断士試験

1 試験内容

コンクリート診断士試験の試験内容は、2020年度では下記のようになっています。

出題形式　四肢択一問題：40題
　　　　　小論文：1題（1000字以内・構造物の診断に関する問題で
　　　　　　　　　　　　建築物と土木構造物から1つ選択）
試験時間　3時間（13：30〜16：30）

これらの内容も時々変更されますので、試験時の受験案内をよく確認するようにしてください。これは、小論文にかけられる時間にも関わりますので、把握しておくことは重要です。

近年の変更点には、下記のようなものがありました。

四肢択一問題

40題となったのは2011年度から。それまでは50題で10問減ったわけですが、試験時間の短縮はありませんでした。

小論文

1題となったのは2019年度から。それ以前は2題出題され、各1000字以内でした。その分、試験時間は3時間30分と長くなっていました。1題目は問題Aとして、主に「コンクリート診断士の社会的役割等の問題」が出題されていました（問題Aについてはこの本では解説しません）。

なお、2020年度には新型コロナウイルスの影響で、試験日そのものが7月から延期され、12月に変更となりました。このような事態はあまり起こるものではありませんが、試験内容と同じように受験案内の最新情報に注意を払う必要があります。

2 小論文にかけられる時間の把握

試験内容、試験時間をもとに、小論文にかけられる時間を考えます。

四択40題を解く時間を考えると、

　　1題あたり2分×40問＝80分→　小論文は100分

　　1題あたり3分×40問＝120分→　小論文は60分

　　1題あたり4分×40問＝160分→　小論文は20分

できれば、小論文に80分ぐらいはかけたいところです。この場合、四択問題は100分でクリアする必要があり、1題あたり2分半ということになります。一度自分で解答してみて、どのぐらい時間がかかるか考えておく必要があります。

また、小論文にかけられる時間を80分とすると、30分：構想、50分：文章書きぐらいの配分のイメージでしょうか。できれば四択問題を含めた見直し時間がいくらかあると心の余裕になるので、実際には前倒しで解いていく必要があります。

いずれにしても時間の猶予はあまりないと考える必要がありますので、時間を念頭に置いた学習をしましょう。

3 小論文の過去問題の傾向と対策

コンクリート診断士の小論文の過去問題の一例を以下に示します。問題は2題、建築物と土木構造物から1つずつ出題されますが、ここでは例として1題のみ示します。また、図表は表題のみとしています。

問題 コンクリート診断士（**2020年度**）

> 問題I
>
> 　建設後約30年を経た建物の調査を実施したところ、北面1階外部柱の脚部は、写真1のように健全であったが、南面1階外部柱の脚部には、写真2に示すひび割れが見られた。また、屋上の防水押えコンクリート表面にも、写真3に示す変状が見られた。屋上周辺の概略断面を図1、建物の概要を表1に示す。以下の問いに合計1000字以内で答えなさい。
>
> [問1] 写真2および写真3の変状について、推定される発生原因を述べなさい。また、写真2の変状が進行した理由について、写真1と比較して述

べなさい。さらに、写真3について、領域Aと領域Bで変状の程度に差が生じた理由を述べなさい。

[問2] 問1で推定した変状の原因を特定するための詳細調査について、3つの項目を挙げ、その項目が必要となる理由を述べなさい。

[問3] 今後35年間建物を使用するために、南面1階外部柱の脚部および屋上の防水押えコンクリートの変状に対するそれぞれの補修方法を提案し、選定理由を述べなさい。

写真1　北面1階外部柱の脚部
写真2　南面1階外部柱の脚部
写真3　屋上の防水押えコンクリートの変状
図1　屋上周辺の概略断面
表1　建物の概要

　実際には2題出されますので、どちらかを選択することになります。一方は建築物、一方は土木構造物ですので、解答しやすい方を選択して解答すればよいでしょう。表1.3、1.4に、これまでの出題内容について示しました。

　出題の傾向は決まっており、まず、診断対象となる構造物の説明文および図表、写真が示されます。その後、設問がいくつか示されるという形です。

　設問の内容も、下記のように大体の傾向があります。

[問]　変状の原因およびその推定理由について

[問]　今後○年供用するための調査項目・方法、今後の対策、維持管理計画について

その他に設問のバリエーションとして、下記のようなものもあります。

[問]（劣化に関する内容）

　（竣工後の構造物に対して）想定される劣化の発生原因とその理由

　（補修後の構造物に対して）補修に至った劣化の種類と原因

　劣化の原因を確認するための調査項目

　劣化状況の違いの理由

[問]（今後の計画に関する内容）

　劣化の程度の予測

点検・調査時の留意点
（供用期間を指定した上で）今後の維持管理計画

　どの設問でも、提示された資料をもとに、コンクリート構造物の現状をどのように診断し、どのように維持していくのかが問われています。このため、診断結果や維持管理計画が全くの見当違いであったなら、いくら文章が上手に書けていても、おそらく不合格になるでしょう。診断に悩む問題もありますので、完璧に正しい診断は不可能としても、ほぼ正しいであろう診断ができることが重要であり、まずはそのための知識を身につける必要があります。

　この診断に必要な知識そのものは実務を通じて、もしくは、講習会や四択問題などの勉強をする中で身につけていくものと思います。よって、この本では、診断そのものについては基礎的な内容のみ触れることとし、診断結果をどのように小論文としてまとめていくかを説明したいと思います。また、診断に悩む場合も当然あると思いますので、そのような場合には可能性としてあり得るものを示す、といった書き方も理解してもらえばと思います。

表 1.3　コンクリート診断士の小論文の内容　建築分野

2020 年度	RC 造建築物 [問 1] 変状の発生原因、推定理由、変状に差がある理由 [問 2] 変状の原因を特定するための詳細調査 [問 3] 今後 35 年供用するための、変状の補修方法の提案とその選定理由
2019 年度	RC 造建築物 [問 1] 変状の原因、推定理由 [問 2] 全塩化物イオンの分布の相違の理由 [問 3] 今後 20 年供用するために必要な調査項目、劣化対策、維持管理計画
2018 年度	鉄筋コンクリート造事務所ビル [問 1] 膨れの原因、推定理由 [問 2] 3 種のひび割れの原因、推定理由 [問 3] 今後 35 年供用するために必要な調査項目、対策
2017 年度	鉄筋コンクリート造煙突 [問 1] ひび割れの原因、推定理由 [問 2] 鉄筋の腐食の原因、違いの理由 [問 3] 今後 30 年使用するために必要な調査方法、対策および対策後の維持管理計画
2016 年度	鉄筋コンクリート造 4 階建て集合住宅 [問 1] 4 つのひび割れと変状の原因、推定理由 [問 2] 当面の対策と必要な調査内容 [問 3] 今後 50 年使用するための維持管理計画
2015 年度	鉄筋コンクリート造建築物 [問 1] ①中性化の進行状況が異なる理由　②鉄筋の発錆状況が異なる理由 [問 2] 劣化進行の予測、今後 30 年使用するための維持管理計画、補修方法

診断士

表 1.4　コンクリート診断士の小論文の内容　土木分野

2020 年度	スノーシェッド [問 1] 1990 年までに生じた変状の原因推定、その理由 [問 2] 補修後、現在までに生じた変状の原因推定、その理由 [問 3] 今後 30 年供用する場合に必要な対策とその選定理由
2019 年度	橋梁（鋼 2 径間連続非合成鈑桁橋） [問 1] 劣化が進行した原因 [問 2] 今後 30 年間供用するための維持管理計画立案に必要な調査項目、 　　　調査個所 [問 3] 必要な対策
2018 年度	橋梁（PC 単純プレテンションホロー桁橋） [問 1] 桁コンクリートの変状の原因と推定理由 [問 2] 今後 50 年間供用するために必要な調査項目、対策
2017 年度	橋梁（PC 箱桁橋・RC 中空床板橋） [問 1] 変状の原因と推定理由、健全性の診断に必要な調査項目 [問 2] 今後 50 年間使用するために必要な対策
2016 年度	道路トンネルにおける覆工コンクリート [問 1] 道路トンネルの点検や診断を行う際の留意点 2 つ [問 2] 変状の原因、推定理由および健全性の診断に必要な調査項目 [問 3] 今後 50 年間使用するために必要な対策
2015 年度	鉄筋コンクリート橋脚 [問 1] 変状の原因、推定の妥当性を確認するための調査項目 [問 2] 今後 30 年間供用するための、①現在の耐荷性能、②劣化の進行 　　　が耐火性能に与える影響、③場所別の対策

2 章
解答の流れと学習の方法

　ここでは、小論文においてはどのように解答を行うべきか、解答の流れについてざっくりと箇条書きで説明します。この詳細および具体例については、4 章で述べますので、ここでは解答の流れを大雑把に把握してもらえばと思います。また、学習の方法として、どのようなことを行っていけばよいかも説明します。

　また、その前に、小論文の前に難関となる四肢択一問題についても、解答時の注意点と学習の方法を説明しています。解答時の注意点は、受験の際の小ネタ集のようなものですが、合格するための工夫はいろいろあると思いますので、これを参考に各自の方法を編み出してください。

四肢択一問題：主任技士、診断士共通

・コンクリートに関する幅広い**知識**が問われる。
・これが7～8割できないと合格は厳しい（そもそも小論文を採点してもらえない？）。

1 解答時の注意点

1 「適切なものを選択せよ」なのか「不適切なものを選択せよ」なのか間違えないように

・これを間違えると凡ミスとなる。
・「適切なものを選択せよ」には問題文の所に大きく○をつける、「不適切なものを選択せよ」には大きく×をつける、などの工夫を。

2 選択肢にも○×をつけていく

・正しいものは「○」、間違っているものは「×」、わからなければ「？？」など、見やすい記号を。文章についても、怪しい内容に下線や波線、「?」などの記号をつけておくと、見直しのときに時間が短縮できる。
・最終的に選択したものは問題番号に大きな○や◎を。1の選択の適切・不適切に対する○×との違いをつけるように。

3 わかる問題はすぐに解いて次へ

・すぐわかる問題には、できれば時間をかけないようにという意味。
・過去問とほぼ同じ選択肢もあるはずなので、その場合には時間をかけないこと。

4 わからない問題には2通りあるのでそれに応じた対処を

①時間をかけて計算したり考えたりすればできるもの

・この場合は、時間との兼ね合いで考える。小論文に時間をかけたいので、あまり時間をかけられず、ある程度で見切りをつける必要がある。ただし、見直しの時間があれば、こういった問題は重点的に考えたい。そのために、問題番号に△などの印をつけておき、見直しがしやすいような工夫をする。

②知識を問われているので、考えてもわからないもの

・この場合は、知らないので時間をかけても仕方がない。わかる範囲で選択肢を絞って、四択から二択まで絞れれば、あとは確率50%なので、エイヤッと選択するしかない。ただし、こちらも見直し時に時間をかけて考えたいので、問題番号に△などの記号を。

以下の図は、2009年度のコンクリート主任技士の試験問題を解く際に、これまで述べたようなことを実際の問題用紙に記入した例です。

これは自信のない問題
見直しのときに優先的に、の意味

〔問題 4〕 △ ←

細骨材の混合使用に関する次の記述のうち，JIS A 5308（レディーミクストコンクリート）附属書Aの規定に照らして，**適当なものはどれか**。

（1）微粒分量が7％の砕砂に，微粒分量が3％の砕砂を等量混合し，微粒分量が5％の砕砂となるように調整して使用した。

（2）安定性が12％の陸砂に，安定性が4％の陸砂を等量混合し，安定性が8％の陸砂として使用した。 ← 必要に応じてメモを

（3）砕砂に高炉スラグ細骨材を等量混合し，砕砂として使用した。

（4）砕砂と再生細骨材Hを質量比7対3で混合した細骨材が，JIS A 5005（コンクリート用砕石及び砕砂）の規定を満足していたので，砕砂として使用した。

「適当なものを」
の場合には○

最終的に選択したものに大きく○を

〔問題 5〕

セメントと置換して用いる混和材の効果に関する次の記述のうち，**適当なものはどれか**。

（1）フライアッシュは，コンクリートの水和熱を抑制するが，未燃炭素量が多いとAE剤の空気連行性が低下する。

（2）高炉スラグ微粉末は，セメント硬化体の組織を緻密にするため，一般のコンクリートよりも中性化速度は小さくなる。

（3）シリカフュームは，低水結合材比のコンクリートに用いると空隙構造が緻密になり，毛細管に作用する力が大きくなるため，乾燥収縮量が大きくなる。

（4）石灰石微粉末は，長期強度の発現に寄与するため，結合材として扱われる。

各選択肢に○×を

必要に応じて下線を

2　学習の方法

1　分野別の過去問を繰返し解く

・過去問とほぼ同じ内容の問題が 6 〜 7 割出題されるので、まず過去問を正しく解答できないと合格はおぼつかない。
・残りの 3 〜 4 割は、応用問題やその分野の専門家でないとできない問題であったりする。しかし、それを半分ぐらいは正答しないと合格できない。四択だと正答率 25％だが、二択まで絞り込めれば正答率 50％になるので、絞り込むためには、やはり勉強して知識を増やしておくしかない。

2　年度別の過去問もある分だけはやる

・時間配分を確認するのが主目的。もちろん分野別の復習にもなる。
・時間を測ってやってみて、どのぐらい時間がかかるか把握しておき、時間配分を想定すること。もちろん、問題ができなかったら、分野別の問題集に戻って、その分野を重点的に見直すことも重要。

3　ある程度応用が利くように、できれば基礎となる部分も勉強しておく

・基本的には過去問の解説を読みこめば、考え方も身につくはず。
・加えて、コンクリート主任技士では「コンクリートの技術の要点」、コンクリート診断士では「コンクリート診断技術」で対応するところを確認すると完璧。

まずは過去問だ！

分厚いけどね…

2·2 小論文：コンクリート主任技士

- 自分の業務およびコンクリートに関する**知識**に加え、**小論文の作成能力**が問われる。
- 自分の経験や知識を、どのように小論文として論述するかである。

1 解答の流れ

　ここでは、小論文の解答の流れを大きく下記の3つに分けて、それぞれ説明していきます。

```
1　問題文の分析：解答すべき内容の確認
2　準備メモの作成：内容の構想を練る
3　文章書き
```

1 問題文の分析：解答すべき内容の確認

- 問題文から、何を解答すべきかを確認するため、問題文の重要な箇所にマーカーをつける、丸を付ける、下線を引くなどしておく。
- (1)～(3)と、項目別に解答すべき内容が分けられているため、それぞれの項目で解答する内容をしっかりと把握する。

2 準備メモの作成：内容の構想を練る

- **1**を受けて、解答すべき内容に対応するキーワード、具体例を準備メモとして書き出す。
- その準備メモをもとに、関連する内容を結び付け、文章全体の構想を練る。問題文で求められている内容にはすべて答える必要があるため、内容に抜けがないかもチェックする。
- 項目内で解答すべき内容が2つ以上あるような場合は、求められている行数

から、どちらをどのぐらいの行で書くか目安を考えておく。得意な内容は人によってそれぞれ違うので、書きやすい内容は多めにするなどの調整をする。
・メモだけに時間をかけるわけにはいかないので、残り時間を考えて文章を書く方に移る。ただし、準備メモがしっかりできていないと文章を書く時間は長くなる。逆に準備メモがしっかりできていれば文章を書く時間は短くできる。そのバランスを考えて判断する必要がある。

3 文章書き

・準備したメモ、キーワードをもとに、文章を書く。
・準備メモをもとに、書いている最中に文章量を調整する。具体的には、書いている最中に、次の内容に移るべきか、もう少しその内容について書くべきか、を判断する。全体を述べた後に、個々の内容や例を具体的に述べるという形だと、文章の増減にも対応しやすい。文章量については、行数で考えると視覚的にわかりやすい。
・「3 章 小論文作成時の基本的な注意事項」巻末の「小論文チェックシート」について意識しながら文章を書く。

以下の図は、2009年度のコンクリート主任技士の問題について、「**1** 問題文の分析」「**2** 準備メモの作成」までを問題用紙に書き込んだ例です。

〔小論文〕

コンクリートの製造時、施工時および構造物の供用・維持管理時の各時点における水の関与について、それぞれの内容と技術的留意点を合計600〜800字で記述しなさい。

ただし、全ての時点について記述することとするが、あなたの得意とする分野を重点的に記述してもよい。なお、解答用紙の所定欄に、あなたの仕事の分野と小論文の内容を表す標題を記入しなさい。

2 学習の方法

1 解答例を写す

・まず、求められている分量の文章（現在は1行25文字で24行＝600字）書くとどのぐらい時間がかかるか把握する。それをもとに時間配分を考える必要がある。

2 過去問で問題文を分析する

・問題文の重要なところにマーカー付け、丸付け、下線付けなどを行う。これにより回答すべき内容を把握する。これらは、解答する際にもらしてはいけないことを意識する。

3 問題文の分析結果から、準備メモを作る練習をする

・解答すべき内容に対応するキーワード、具体例をメモとして書く。
・それをもとにどのように書き始めてどのように終わるか、小論文としての構想を練る。

4 問題集の解答例を分析する

・問題集の解答例が、どのように書かれているか分析する。特に、問題文に対してどのように解答しているか、分析・把握する。
・逆に解答例から、準備メモを作成してみる。これによって、解答例のキーワードは何か、どのように並べているか、ということを考える。さらに、その準備メモから解答となる小論文を作成できるか考えてみる。できなければどこでつまずくのか、解答例はどうなっているか分析してみる。
・自分の準備メモと比べてどう違うか、どう同じか考えてみる。

5　過去問について自分で解答を作る練習をする

・解答の流れである「**1** 問題文の分析」「**2** 準備メモの作成」「**3** 文章書き」について通してやってみる。

・それぞれどのぐらいの時間がかかるかを把握しておき、本番の時間配分を考えるときの目安にする。

6　知識・文章を増やしておく

・コンクリートに関する様々な知識について、ある程度文章を用意しておくため、出そうな内容について、200 ～ 300 文字程度にまとめておく。

・過去問の解答例で使えそうな文章については、内容や文章の書き方を参考にし、自分の知識の確認、作文の例とする。

・特に自分の業務・経験については、1 問目で出題されるので、自分の業務内容、技術的課題等を書けるようにしておく。

解答例の分析をしてみよう…
（1）では〇〇について問われているから…
まず××を取り上げて説明しているな…
××と〇〇の関係はこういうことか…
その後で△△についても説明しているのだな…

2・3　小論文：コンクリート診断士

> ・構造物の劣化状態に対して、その原因、調査方法、今後の計画等を診断・立案する能力が問われる。
> ・その診断結果を小論文として論述する能力が問われる。

1　解答の流れ

　ここでは、小論文の解答の流れを大きく下記の3つに分けて、それぞれ説明していきます。

> 1　問題文の分析と構造物の状況の把握
> 2　準備メモの作成：診断・内容の構想を練る
> 3　文章書き

1　問題文の分析と構造物の状況の把握

・問題文を読み、それぞれの設問において解答すべき内容を把握する。この解答すべき内容に解答しないと、当然その設問は0点になるので、抜けのないように、また最後まで忘れないようにする。
・コンクリート構造物の説明文および写真、図表をもとに、劣化の現状を把握するため、特徴的な部分にマークする、下線を引く、丸を付けるなどをしておく。
・建物の現状の把握の際には、解答すべき内容との関連で注目すべき部分は変わってくるので、関連付けながら現状を把握する。

2　準備メモの作成：診断・解答の構想を練る

・1を受けて、問題の解答を、構造物の説明文や図表をもとに考え、準備メモを作っていく。
・まず、構造物の劣化の現状、特にひび割れの様子や表面状態、図やグラフの

特筆すべき値などを文章化する。

- その劣化に対する原因を挙げてみる。挙げた原因が、その劣化の原因として十分な根拠があるか、図表やグラフから可能性について検討する。また、可能性は低くとも他の原因は考えられないか検討する。
- 原因や根拠については、その関連を準備メモとして明確に残しておき、文章を書くときに使用する。
- 調査項目や対策については、原因に対応するものをいくつか挙げてみる。構造物の劣化のレベルに合わせてどれを選択して説明するか考える。この劣化のレベルについても、問題文から根拠を示す。
- 各設問について、最大1000文字から考えて、どのぐらい文字数を割り当てるか、目安を考える。書きやすい内容、書きにくい内容は人によってそれぞれ違うので、書きやすい内容は多めにするなどの調整をする。
- メモだけに時間をかけるわけにはいかないので、時間を考えて文章を書く方に移る。ただし、準備メモがしっかりできていないと文章を書く時間は長くなる。逆に準備メモがしっかりできていれば文章を書く時間は短くできる。そのバランスを考えて判断する必要がある。

3　文章書き

- 準備したメモ、キーワードをもとに、文章を書く。
- 準備メモをもとに、書いている最中に文章量を調整することになる。具体的には、書いている最中に次の内容に移るべきか、もう少しその内容について書くべきか、を判断する。ただし、問われている内容についてはすべて答える必要があるので、漏れがないように注意する。文章量については、行数で考えると視覚的にわかりやすい。
- 「3章 小論文作成時の基本的な注意事項」「小論文チェックシート」について意識しながら文章を書く。

　以下の図は、2010年度のコンクリート診断士の問題について、「1 問題文の分析と構造物の状況の把握」を問題用紙に書き込んだ例です。

【問題　B—2】

重要と思われる文言に下線、囲み

　写真1は，1969年に建設された西日本の内陸部に位置する鉄筋コンクリートラーメン高架橋に発生した変状である。この写真が撮影された位置を図1に示す。写真のような変状は全体の約5％の柱で見られ，このうち約80％が一年を通じてほとんど雨がかかることがない高架橋内側面で発生していた。この変状の原因を特定するため，2009年に調査が実施され，表1および図2の結果が得られた。この構造物は社会的に重要な構造物であり，今後50年間の供用を予定している。なお，高架下は，第三者が立ち入ることが可能な状況となっている。

　以下の問に合計1000字以内で答えなさい。

書いてはダメ字あり

文字数の配分案

問1　高架橋に発生している変状の原因を推定し，その理由を述べなさい。　　400

問2　高架橋の変状を放置した場合に予想される劣化の進行について述べなさい。　　300

問3　現時点で実施する有効な対策および実施上の留意点を示すとともに，今後の維持管理計画を立案しなさい。　　300

表1　鉄筋コンクリートラーメン高架橋調査結果

項目	結果	備考
しゅん工年	1969年	海砂? 書類調査結果
コンクリート設計基準強度	24 N/mm² ○	
配合に用いた水セメント比	55 ％ ○	
セメントの種類	普通ポルトランドセメント ○	
コンクリート圧縮強度	26〜30 N/mm²　平均28 N/mm²	複数の柱から採取したコアの試験結果
促進膨張試験結果(JCI-DD 2法)全膨張量	0.01 ％以下　アル骨ではない	構造物の調査結果
かぶり(厚さ)	32〜38 mm　平均35 mm ○	
鉄筋の腐食状況	鉄筋腐食による構造物の耐力の低下は認められない → 今段ある	
中性化深さ	23 mm　OK	写真1のコア採取
塩化物イオン濃度	図2	さいか箇所での測定結果

図表から読み取れる内容をメモ

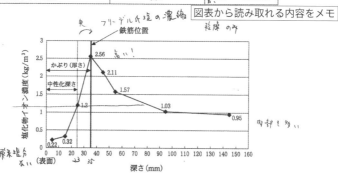

フリーデル氏塩の濃縮
鉄筋位置　　腐食のみ
かぶり(厚さ)
中性化深さ
2.56 高い!
2.11
1.57
1.03
1.2
0.95　内部も多い
0.22　0.32
将来塩分ない
(表面)　3.5
図2　採取したコアの塩化物イオンの分布

（一部省略）

30

2　学習の方法

1　知識を増やしておく

- コンクリート診断士の小論文は、コンクリート構造物の現状をもとにどのように診断するのかが問われるため、その診断結果が全く間違っていたら、小論文としてどれほど上手に書けていても、不合格である。よって、その対策においては、何よりも第一に正しい診断ができるように知識を身につける必要がある。
- 構造物の診断に関する様々な知識について、キーワードや内容を把握しておく。出そうな劣化状況については各状況での原因、その根拠などを文章で書けるようにしておく。

2　解答例を写す

- 1000字書くとどのぐらい時間がかかるか確認する。それをもとに時間配分を考える必要がある。

3　過去問の問題文を分析するとともに、構造物の状況を把握する

- ［問1］～［問3］などの各設問について、解答すべき内容を把握する。解答する際に漏らしてはいけないことを意識する。
- コンクリート構造物の説明文、図表の重要なところを確認し、その言葉や写真、値などが何を意味しているかを理解して、構造物の状況を把握する。

4　問題文の分析・構造物の状況把握から、準備メモを作る練習をする

- 構造物の状況に対して、どのように診断するか、設問の解答すべき内容に沿って準備メモを作る。
- ひび割れの状況から原因がほぼ明らかであれば、それをそのまま述べればよい。
- しかし、自信がなければ、原因をいくつか考えてみる。その場合、原因の診断が間違っているのは致命的であるため、断定的な物言いは避ける。その上で、可能性の高い原因を根拠とともに示し、可能性の低いものについても言

及する。

・1000字から考えて、各設問に何文字当てるか、大雑把な目安を考える。

5　問題集の解答例を分析する

・問題に対応して、解答例がどのようになっているか分析する。特に、自分の準備メモと比べてその内容がどう違うか、どう同じか分析する。

・問題で問われている内容に対応する文章はどこか、割合はどのぐらいかを把握する。

・どのような理由をもとに原因を推定しているか、文章の構成はどうなっているか、といった点にも着目する。

　　　：例えば、1〜4のひび割れの原因と推定理由について述べよ、とあった場合、それぞれについて原因と理由を述べる方法もあれば、原因が近いひび割れについてはまとめて述べる方法もある。内容や文章量も勘案して、どちらが書きやすいかを考える必要がある。

・さらに、解答例の文章の書き方、特に書き出しや論理展開などを参考にし、小論文を書く際の例として活用する。

6　過去問をもとに自分で解答を作る練習をする

・解答の流れである「**1** 問題文の分析と構造物の状況の把握」「**2** 準備メモの作成」「**3** 文章書き」について通してやってみる。

・それぞれどのぐらいの時間がかかるかを把握しておき、時間配分を考えるときの目安にする。

解答例を分析してみよう。
　この劣化の原因を××と推定しているのか…
　　（これは予想通りだな）
　推定理由はひび割れの形状か…
　　（そうだよね）
　グラフの値からも指摘しているな…
　　（これは気がつかなかった）

3章

小論文作成時の基本的な注意事項

　ここでは、小論文作成時の基本的な注意事項を示します。後ほど述べる小論文の解答の流れともかかわる部分も多いので、それぞれを関連付けながら見ていきましょう。

- 文体を混在させない
- 段落のはじめは 1 字下げる
- 内容の切れ目で改行を行う
- 指定の行数まで書く
- 長文ではなく、短文で
- 接続詞で文章をつなげていく
- 問題文の語句をそのまま使う
- 主語・述語を明確にし、対応をとる
- 文頭には、すでに出た語句を使用する
- 見直しをする
  - ☑ 誤字・脱字はないか
  - ☑ 専門知識の内容に間違いがないか
  - ☑ 「てにをは」が正しいか
  - ☑ 主語・述語の対応が正しいか
  - ☑ 文章の文体は統一されているか
  - ☑ 文章の長さは適切か

文体を混在させない

悪い例（混在例）

　業務の内容としては、まず、生コンの原材料である砂や砂利の受入れ時の検査があります。また、それらを用いて生コンを製造する際の各工程上の検査、納品先にて行う製品の検査等の検査業務も行っている。
　最近のトラブルとして、生コンの製造時にスランプが安定しないということがあった。

「です・ます」例

　業務の内容としては、まず、生コンの原材料である砂や砂利の受入れ時の検査があります。また、それらを用いて生コンを製造する際の各工程上の検査、納品先にて

行う製品の検査等の検査業務も行っています。
　最近のトラブルとして、生コンの製造時にスランプが
安定しないということがありました。

「だ・である」例

　業務の内容としては、まず、生コンの原材料である砂
や砂利の受入れ時の検査がある。また、それらを用いて
生コンを製造する際の各工程上の検査、納品先にて行う
製品の検査等の検査業務も行っている。
　最近のトラブルとして、生コンの製造時にスランプが
安定しないということがあった。

解説

　文章の文体として、**「です・ます」**で終わる文体と、**「だ・である」**で終わる文体があります。

　小論文では、一般的に「だ・である」の文体で書き進めるのですが、実際には「です・ます」でもよいと思います。「です・ます」は丁寧な印象になり、少し文字数が増える傾向があります。

　いずれでもよい、と書きましたが、**混在させない**ことは必須です。途中で文体が変わるのは、話し言葉で言えば口調が変わったようなものなので、奇妙な感じを受けてしまいます。

段落のはじめは1字下げる

業務の内容としては、まず、生コンの原材料である砂や
砂利の受入れ時の検査がある。また、それらを用いて生
コンを製造する際の各工程上の検査、納品先にて行う製
品の検査等の検査業務も行っている。
最近のトラブルとして、生コンの製造時にスランプが安
定しないということがあった。

　業務の内容としては、まず、生コンの原材料である砂
や砂利の受入れ時の検査がある。また、それらを用いて
生コンを製造する際の各工程上の検査、納品先にて行う
製品の検査等の検査業務も行っている。
　最近のトラブルとして、生コンの製造時にスランプが
安定しないということがあった。

解説

　文章のはじめ、改行後のはじめには**1字下げて書き始める**のは、読み手の見やすさのためと思ってもらえばよいです。

　1字下げることにより、「ここから始まります」「ここで次の内容に移ります」ということが視覚的にわかりやすくできます。

　最近のEメールやネット上の文章では、1字下げをしないことも多くなっていますが、小論文の場合は必須です。

内容の切れ目で改行を行う

悪い例

　　業務の内容としては、まず、生コンの原材料である砂や砂利の受入れ時の検査がある。また、それらを用いて生コンを製造する際の各工程上の検査、納品先にて行う製品の検査等の検査業務も行っている。最近のトラブルとして、生コンの製造時にスランプが安定しないということがあった。

修正例

　　業務の内容としては、まず、生コンの原材料である砂や砂利の受入れ時の検査がある。また、それらを用いて生コンを製造する際の各工程上の検査、納品先にて行う製品の検査等の検査業務も行っている。
　　最近のトラブルとして、生コンの製造時にスランプが安定しないということがあった。

解説

　ここでは、**前半に業務内容、後半にトラブル**が説明されていることに気がつくでしょうか。このように**内容が変化する際には、改行する**と読み手にその変化がわかりやすいのです。

　また、設問が (1)、(2)、(3) もしくは問1, 問2という形で分けられているのであれば、そのときに改行するとよいです。他にも、設問内で解答内容が2つに分かれるような場合は、そこで改行を行った方がわかりやすくなるでしょう。ただし、指定行数が少ない場合は、無理に改行しなくてもよいです。

指定の行数まで書く

悪い例 4行指定なのに1行しかない

高温	に	よ	っ	て	生	コ	ン	の	返	品	問	題	が	生	じ	た	。		

良い例 4行指定

近	年	、	夏	に	は	猛	暑	が	続	い	て	お	り	、	出	荷	し	た	生	コ	ン	が	現
場	の	受	入	れ	検	査	時	に	35	℃	を	超	え	る	こ	と	が	相	次	い	だ	。	受入
れ	時	の	規	定	で	は	35	℃	以	下	と	さ	れ	て	い	る	た	め	、	返	品	さ	れ無
駄	が	多	く	生	じ	る	こ	と	に	な	っ	た	。										

解説

　指定の行数まで書くのは無理かもしれませんが、**空きは最後の1行程度に留め
る**のが望ましいです。それ以上空けるとおそらく減点でしょう。最低行数に達し
ないと、それだけでその部分は0点かもしれません。

　上記の例でも、根本的な内容はどちらも変わらないわけですが、それを4行で
指定されたのであれば、関連する内容を付け加えて4行まで書く必要があります。
逆に1行指定であれば、それらの説明はそぎ落として短くまとめる必要がありま
す。

　現在、コンクリート主任技士は設問ごとの行数指定となっています。コンクリ
ート診断士は全体として1000文字以内の文字数指定です。いずれの場合もでき
れば空きが少ない方がよいのは変わりません。

長文ではなく、短文で

　　業務の内容としては、生コンクリートの原材料である砂や砂利等の受入れ時の検査、またそれらを用いて生コンクリートを製造する際の各工程上の検査、納品先にて行う製品の検査等の検査業務と、それらから得られたデータのまとめと分析、社内外へのフィードバックなどがある。

修正例

　　業務の内容としては、まず、生コンクリートの原材料である砂や砂利等の受入れ時の検査がある。また、それらを用いて生コンクリートを製造する際に各工程上での検査、納品先にて行う製品の検査等も行っている。さらに、それらから得られたデータのまとめと分析、社内外へのフィードバックなどがある。

解説

　悪い例は**6行にわたって1文である**ということに気がつくでしょうか。つまり「。」が1つしかありません。

　修正例は、その1文を**3つの文に分割**しています。ここでは3つの業務を説明しているだけなので分割しやすいと思います。そしてさらに**接続詞が加わっている**ことに注意してください。短文の場合は、文同士のつながりを示すようにした方がよりわかりやすくなるので、単純に分割するだけでなく、接続詞を加えているのです。

　ここでは、3つの業務が並列になっていると考え、「まず」、「また」、「さらに」、といった**並列の接続詞**を付加しています。

接続詞で文章をつなげていく

悪い例

　　フライアッシュの活用にあたっては、近年火力発電所の新増設に伴いフライアッシュの生産が急激に増大しているので、フライアッシュの品質の向上と、コンクリートに使用した場合のメリットデメリットについてしっかりとした知識を得ることが活用につながっていくものと思われる。

修正例

　　近年火力発電所の新増設に伴いフライアッシュの生産が急激に増大しており、これらをさらに活用していくことが重要である。そのためには、まずフライアッシュの品質の向上が必要である。さらに、コンクリートに使用した場合にどのようなメリットデメリットがあるかについてしっかりと把握することが必要である。

解 説

　短い文章を、**接続詞で前後関係を明確に**しながらつなげていくとわかりやすい文章ができます。

　悪い例は、そもそも何を言いたいのかよくわからない、という典型の文です。また、「長文ではなく、短文で」の注意事項も守られていません。これも6行にわたって1文です。

　長文では接続詞を入れる必要がないので、書くのが楽になる面もあるのですが、自分でも文章のつながりがわかっていないことが多くなりがちです。こうなると、読む人にはさらにわかりません。悪い例の文章は、何が言いたいのかわかるでしょうか？

　このため、短文にして、接続詞を入れて、文同士の相互の関係を明確にしながら書き進める方がよいのです。

悪い例では、「フライアッシュの活用にあたっては」の後に、「フライアッシュの生産が増大しているので、」と理由を述べているような文があります。しかし、その次の「フライアッシュの品質の向上と、コンクリートに使用した場合のメリットデメリット」に対してどのようなつながりがあるのだろうか？と考えてしまいます。長文にするとなんとなくそのまま読めますが、実は何を説明しようとしているのかわからない文となり、小論文としての評価は悪くなります。

　一方で、短文で書き進めることは、この文同士の関係を明確にする必要があります。その際に必要なのが接続詞です。接続詞を上手に入れるのは少し難易度が上がるかもしれません。しかし、適切な接続詞を入れられないということは、文同士のつながりを自分で理解できてないことでもあるのです。これは小論文としては致命的になるので、できるようにしておく必要があります。

　修正例では、

　　フライアッシュの生産が増大→さらなる活用が重要

　　そのために必要なのは、

　　　（まず）1. フライアッシュの品質向上

　　　（さらに）2. コンクリートに使用した場合のメリットデメリットの把握

という論旨にしています。悪い例もこのように述べようとしたのでしょうか？

　なお、このように解答する内容の**キーワードを挙げる**ことが、準備メモを作ることの第一歩です。そのうえで、**どのようにキーワードをつなげて文章を作るか**というときに、次に説明する接続詞を上手に使ってつなげていくとよいです。

接続詞について

文章のつながりを考慮して、以下のような接続詞を使い分けるようにしましょう。

1 順接
前文の内容が原因・理由となって、後文の内容が結果・結論となることを示すもの
例：よって、このため、したがって、

2 逆接
前文の内容に対して、後文の内容が予想される結果とは逆の結果になることを示すもの
例：しかし、ところが、

3 並列・累加
前文の内容に後文の内容を並べたり、付け加えたりするもの
例：また、さらに、

4 対比・選択
前文と後文の内容を比べたり、前後の内容のどちらかを選んだりするもの
例：または、あるいは、もしくは、

5 説明
前文の内容についての説明や補足を、後文で述べるもの
例：つまり、なぜなら、例えば、すなわち、ただし、なお、

6 転換
前文の内容と話題を変えて、後文を続けるもの
例：一方、ところで、

1 順接

前文の内容が原因・理由となって、後文の内容が結果・結論となることを示すもの

例：よって、このため、したがって、

例

①あの人は<u>男</u>だ。**このため、**<u>力仕事</u>を任されている。

②あの人は<u>女</u>だ。**このため、**<u>力仕事</u>を任されている？？

理由・原因	→順接→ このため、	結果・結論

解 説

　前文の（理由・原因）と後文（結果・結論）の関係が、納得できるものであれば使用できる接続詞です。

　①は納得できるでしょう。

　しかし、②は納得できるでしょうか？

　納得できないとすると、前後の関係もしくは接続詞がおかしいということになります。他に、論理が飛躍している場合もあります。前文と後文の間に隠れた理由があり、それを記述できれば納得できるかもしれません。

修正例

②'あの人は<u>女</u>だ。**しかし、**<u>力仕事</u>を任されている。

　　　　　　　　　　↘ 逆説の接続詞

②'あの人は<u>女</u>だ。**しかし、**<u>とても力が強い</u>。**このため、**<u>力仕事</u>を任されている。

　　　　　　　　　　　　　　↘ 実は隠された理由がある

論理の前提のお話

前頁の順接の例では、①は納得できるでしょう、と書きました。

　①あの人は<u>男</u>だ。**このため、**<u>力仕事</u>を任されている。

しかし、実はこの納得のためには、「男は力が強い」という隠れた前提が必要です。これは多くの人の認識であろうと思いますので（いろいろと意見はあるでしょうが）、書かなくても論理的に理解＝納得できるわけです。

逆に、②は納得できるでしょうか？　と書きました。

　②あの人は<u>女</u>だ、**このため、**<u>力仕事</u>を任されている？？

実はこちらも、「女は力が弱い」という隠れた前提があります。正確に言えば、男でも力の弱い人はいますし、女でも力の強い人はいるわけですから、①が納得でき、②は納得できない、というのは、実はこういった「男」や「女」という言葉に含まれている隠れた前提をもとにしているのです。

それでは、下記の文章③ではどうでしょうか？

　③あの人はロピア人である。このため、力仕事を任されている。

ロピア人って何？　という疑問がまず頭に浮かぶと思います。つまりこの文章は、ロピア人という全く前提がないもの、もしくは読み手には全くわからないものを取り上げて、これを理由としながら、力仕事を結論としているわけです。そうなると、納得できる、できない以前に、そもそもそういった判断ができない文章になってしまいます。

解決策としては、ロピア人の説明を加える必要があるわけですが、その説明も、力仕事につながる内容である必要があります。例えば、海賊を生業としている民族だとか、戦闘民族だとか、でしょうか。海賊、戦闘といった言葉と力仕事はイメージがつながると思いますので、こういった説明があれば、ロピア人→このため→力仕事、というのが順接でつながることになります。

このように、言葉に含まれている意味や前提を思い浮かべ、前後のつながりが理解できるかどうか？　理解できない場合は何を加える必要があるか？　そういったことを考えて、文章を書いていく必要があります。

2 逆接

前の内容から予想される結果とは逆の結果になることを示すもの

例：しかし、ところが、

例

①あの人は<u>男</u>だ。**しかし、**<u>力仕事を任されている？？</u>

②あの人は<u>女</u>だ、**しかし、**<u>力仕事を任されている。</u>

理由・原因	→逆接→ しかし、	（予想とは逆の）結果・結論

解説

　順接とは逆に、後文で**予想とは逆**の結果、を示す必要がある接続詞です。前文の（理由・原因）と後文（**予想とは逆**の結果・結論）の関係が、納得できるものであれば使用できることになります。

　①については、逆接でよいのか？　という疑問がわくと思います。接続詞が間違っているのか、内容が間違っているのか？　いずれにしても文意が通らない例です。

　また、逆接は、予想とは逆の結果を示しているので、その後にその説明をするというのが順当な文章の流れです。

例

②'あの人は<u>女</u>だ、**しかし、**<u>力仕事を任されている。</u>**なぜなら、**とても<u>力が強いか</u>らだ。

理由・原因	→逆接→ しかし、	（予想とは逆の）結果・結論
	→説明→ なぜなら、	説明・補足

3 並列・累加

前の内容に後の内容を並べたり、付け加えたりするもの

例：また、さらに、

例

あの人は<u>男</u>だ。**また、**<u>父親</u>でもある。**さらに、**<u>部長</u>でもある。

| 項目A | 並列、
また、 | 項目B | 並列、
さらに、 | 項目C |

解 説

　並列なので、

　　あの人　＝男

　　　　　　＝父親

　　　　　　＝部長

という関係です。

これに類するもので、接続助詞というものもあります。

例

　あの人は<u>男</u>で、<u>父親</u>で、<u>部長</u>でもある。

　こちらの方法もありますが、長文になる傾向があるので注意しましょう。

4 対比・選択

　前と後の内容を比べたり、前後の内容のどちらかを選んだりするもの

　例：または、あるいは、もしくは、

例

　この問題を解決する方法として、<u>Aという方法</u>がある。**または、**<u>Bという方法</u>もある。**あるいは、**<u>Cという方法</u>もある。

| 項目A | 並列、
または、 | 項目B | 並列、
あるいは、 | 項目C |

解 説

　対比なので、

　　解決方法は　｛ Aという方法　｝　のいずれか（選択）

　　　　　　　　　 Bという方法

　　　　　　　　　 Cという方法

という関係です。

　これも接続助詞でつなげる方法もありますが、一文が長くなりがちなので注意が

必要です。

　この問題を解決する方法として、A という方法や、B という方法、あるいは C という方法がある。

---

5 説明
前の内容についての説明や補足をあとで述べるもの
例：つまり、なぜなら、例えば、すなわち、ただし、なお

例

①あの人は力仕事を任されている。**つまり**、あの人は力が強いと**いえる**。

②あの人は力仕事を任されている。**なぜなら**、とても力が強い**からだ**。

前の文　　　→説明→　　（前の文の）説明、補足

前の文	→説明→ つまり、 なぜなら、	（前の文の）説明・補足

解説

　すべてではありませんが、下記のように、それぞれの接続詞に対応する表現が文末に入ることが多いです。

つまり、　〜〜である。〜〜といえる。

なぜなら、　〜〜だからである。

例えば、　〜〜が挙げられる。〜〜がある。〜〜などである。

6 転換

前の内容と話題を変えて続けるもの

例：一方、ところで、

悪い例

　　コンクリート分野における廃棄物の再利用については、フライアッシュが挙げられる。フライアッシュは、火力発電所で石炭を燃焼させたときに出る石炭灰であり、産業廃棄物である。一般的には、セメントとの置換という形で使用される。これをコンクリートに混入すると、初期強度は小さいものの、潜在水硬性により長期にわたって強度が増大するという特徴がある。コンクリート分野における廃棄物の削減については、戻りコンの削減が挙げられる。戻りコンは……

修正例

　　コンクリート分野における廃棄物の再利用については、フライアッシュが挙げられる。フライアッシュは、火力発電所で石炭を燃焼させたときに出る石炭灰であり、産業廃棄物である。一般的には、セメントとの置換という形で使用される。これをコンクリートに混入すると、初期強度は小さいものの、潜在水硬性により長期にわたって強度が増大するという特徴がある。

　　一方、コンクリート分野における廃棄物の削減については、戻りコンの削減が挙げられる。戻りコンは……

前の文	→転換→ 一方、	前の文とは内容が変わった文

解説

　悪い例は、転換の接続詞がなくすぐに「コンクリート分野における廃棄物の削減については、〜〜」となっています。その前にフライアッシュについての説明が長く続いているので、この文章が前の文章の続きなのか、次の話に移ったのかがわかりにく

いです。

　これは説明としては不親切なので、あらかじめ話を転換させるところで、「一方、」とすると、ここで話題が変わることが読み手に理解しやすくなります。さらに、ここでは**改行**も行っており、より話題が変わったことが読み手にわかりやすくなると思います。

問題文の語句をそのまま使う

例1 コンクリート主任技士（2018 年度）

> 問 1 （これまでの経験に関する問題）
> あなたが経験したコンクリートに関する技術的なトラブルあるいは失敗の事
> 例をひとつ挙げ、以下の項目について具体的に述べなさい。
> 　(1) 技術的なトラブルあるいは失敗の概要（2 行〜 4 行）
> 　(2) 技術的なトラブルあるいは失敗の原因（8 行〜 10 行）
> 　(3) あなたが講じた対策とその評価（8 行〜 10 行）

(1) 技術的な**トラブル**あるいは失敗の**概要**

　私が経験した技術的な**トラブル**として、○○がある。

　：実はこの形は少し書きづらいです。○○は名詞や体言止めにしないといけな
　　いので。

　××という現場で、○○という**トラブル**が起こった。この**概要**は〜〜である。

(2) 技術的な**トラブル**あるいは失敗の原因

　この**トラブル**の原因は、○○○である。

　この**失敗**は、○○○が原因である。

(3) あなたが講じた**対策**とその評価

　このようなトラブルに対して、**私が講じた対策**は、○○○である。その結果、
〜〜となった。このため、私は、×××と**評価**している。

例2 コンクリート診断士（2018年度）

> **問題 B-1（建築）**
> 関東地方の内陸部にある建設後30年を経た鉄筋コンクリート造事務所ビル
> の外壁に、写真1に示す仕上げ材の膨れを伴う変状および図1に示すひび割
> れが生じていた。建物の諸元および変状の概要を、それぞれ表1および表2
> に示す。
> 　以下の問いに合計1000字以内で答えなさい。
> [問1] 仕上げ材の膨れの発生原因およびその原因を推定した理由を述べなさ
> 　　　 い。
> [問2] 図1に示すA〜Cの3種類のひび割れについて、発生の原因および
> 　　　 その原因を推定した理由をそれぞれ述べなさい。
> [問3] 問1および問2を踏まえ、この建物を今後35年間供用するために必
> 　　　 要な調査項目と対策を提案しなさい。

[問1] 仕上げ材の膨れの**発生原因**およびその**原因を推定した理由**を述べなさい。
　　　仕上げ材の膨れの**発生原因**は、○○と予想される。この**理由**は、〜〜だからで
ある。

[問2] 図1に示すA〜Cの3種類のひび割れについて、**発生の原因およびその**
　　　原因を推定した理由をそれぞれ述べなさい。
　　　Aのひび割れの**発生原因**は、○○である。ひび割れは、〜〜という形状で発生
しており、これは、○○特有のものであり、○○を原因と**推定**できる。

[問3] 問1および問2を踏まえ、この建物を今後35年間供用するために必要な
　　　調査項目と対策を提案しなさい。
　　　仕上げ材の膨れに対する**調査項目**として、△△、□□が挙げられる。また、**対**
策として××を行えばよいと考えられる。

解説
　問題文で「失敗の原因」を問われているのであれば、「この**失敗の原因**は、〜〜
である。」もしくは、「〜〜が、この**失敗の原因**である。」という形で答えるのが基

本ということです。

　文例はかなり単純化しているので、必ずしもこの通りにはならないこともあります。実際のところ、○○について述べなさい、という問題に対して、○○は〜〜と答えようとすると、答えづらかったり、書きづらくなる場合も多々あります。

　ではなぜ「問題文の語句をそのまま使う」としているかと言えば、**問われている内容に必ず答えることを意識してほしいからです**。問題文に答えていることをはっきりさせるために、問題文の語句を使うことを基本としているわけです。

　原因と推定理由を問われているときに、状況を先に説明して、(この状況の内容を文章全体として推定理由として、)最後に原因を述べる方法ももちろんあります。ただ、書いているうちに文字数がオーバーして、最後に原因を述べられなくなったりすると、**問題に答えていないことになってしまいますので、注意が必要です**。この場合、原因を先に述べ、その後に、それが原因であると推定できる様々な状況を述べる、という方が、文章量の増減にも対応しやすく、試験向きでしょう。

　　　　　問　原因とその推定理由を説明しなさい。

　　原因は、○○である。その推定理由は、〜〜である。

主語・述語を明確にし、その対応をとる

悪い例 1

私の業務は、ゼネコンでの現場監督をしています。

　　主語　　　　　　　　　　　　　　述語

私の業務は、……しています？？

修正例 1-1

私の業務は、ゼネコンでの現場監督です。

　　主語　　　　　　　　　述語

私の業務は、……現場監督です。

修正例 1-2

私は、ゼネコンで現場監督をしています。

主語　　　　　　　　　　　　述語

私は、……しています。

悪い例 2

品質管理業務の内容は、セメント、細骨材、粗骨材の受入れ時のミルシートの確認と、それぞれの受入れ試験および試験成績書の作成を行っている。

　↘ ここが、「確認である。」で終われば、
　　ここの主語・述語の関係は正しい。

修正例 2-1

品質管理業務の内容は、セメント、細骨材、粗骨材の受入れ時のミルシートの確認と、それぞれの受入れ試験および試験成績書の作成である。

修正例 2-2

品質管理業務として、セメント、細骨材、粗骨材の受入れ時のミルシートの確認と、それぞれの受入れ試験および試験成績書の作成を行っている。

　主語と述語だけを取り出してみると、対応がとれているかチェックできます。長文を書きがちな人は特に注意しましょう。

　例1のように単文で短いとわかりやすいのですが、文が少し長くなるとわかりづらくなります。

　例2の場合、「業務内容（主語）」は、○○と、○○です。と1つの主語に対して2つの内容を挙げて述語としています。

　1つ目は、「業務内容は、」「確認（と）」で主語と対応していますが、

　2つ目は、「業務内容は、」「作成を行っている」となっているので、主語と対応していません。

　意味は何となく通りますので、話し言葉なら流される程度のものですが、文章は見直しができますので、可能な限り対応を取って直したいところです。

文頭には、すでに出た語句を使用する

悪い例

　コンクリート分野における環境負荷低減として、産業廃棄物の再利用や廃棄物の排出量の削減が求められている。

　フライアッシュは、火力発電所で石炭を燃焼させる際に排出されるもので……。

　戻りコンは、生コン工場から出荷した生コンが……。

修正例

　コンクリート分野における環境負荷低減として、産業廃棄物の再利用や廃棄物の排出量の削減が求められている。

　再利用されている産業廃棄物として、フライアッシュが挙げられる。フライアッシュは、火力発電所で石炭を燃焼させる際に……。

　コンクリート分野から出る廃棄物として戻りコンがある。戻りコンは、生コン工場から出荷した生コンが……。

前の文章で使っていない言葉を文頭の主語にして文章を始めると、つながりがわかりにくくなります。

悪い例も修正例もどちらも、初めの段落で「産業廃棄物の再利用」や「廃棄物の排出量の削減」が挙げられています。そうすると、その次の文章では、それと関連した内容が来るはずです。

しかし、悪い例では、その次の段落で、それらとの関連が示されることなく、「フライアッシュは、」「戻りコンは、」から文章が始まっています。文章が進むと、「産業廃棄物の再利用」や「廃棄物の排出量の削減」との関連が示されることになるかもしれませんが、それまでは、なぜこれが取り上げられているのかわからず、読み手にとっては疑問を持ったまま読み進めなくてはならず、わかりにくくなります。

一方、良い例では、「フライアッシュ」「戻りコン」を説明する際に、これらを主語にしていません。文頭は「再利用されている産業廃棄物」「コンクリート分野から出る廃棄物」として、**初めの段落の語句を使用**し、その例として「フライアッシュ」「戻りコン」を挙げています。こうすることによって初めの段落との関連を示し、その後「フライアッシュは、」「戻りコンは、」と実際の説明に入っています。このようにすると、読み手が理解しやすくなります。

見直しをする

　時間に余裕があれば、ということになってしまいますが、一度読み直すと単純なミスは意外と発見できますので、なんとか時間を確保したいところです。

・誤字・脱字はないか

　　専門用語の漢字は特に誤字がないようにします。減点されやすいでしょう。

・専門知識の内容に間違いや誤字がないか

　　大幅な減点になるでしょう。

・「てにをは」が正しいか

　　日本語としておかしくないかチェックを。特にあとで文章を書き直したところで間違いが生じやすいです。

　　日本語関係としてこれまでに挙げたものの中でも、下記のものは読み返すだけでもかなりチェックできます。

　・文章の文体は統一されているか
　・主語・述語の対応が正しいか
　・文章の長さは適切か

4章
小論文の解答のツボ

　ここでは、**4・1**節として「コンクリート主任技士試験の小論文の解答のツボ」を、**4・2**節として「コンクリート診断士試験の小論文の解答のツボ」を述べています。

　2章の学習の方法に示した「解答の流れ」に基づいて、例題を用いて具体的に解答のツボを説明していきます。「解答の流れ」のそれぞれの段階で、どのように考えて例題に解答していくべきかを把握してください。具体例の中には、その例題独自の対応方法も含まれることになりますが、それに注目するよりも、まずは基本となる「解答の流れ」の考え方を身につけてほしいと思います。

4・1　コンクリート主任技士試験：小論文の解答のツボ

　コンクリート主任技士試験の小論文の解答の流れは、2章に示したように、以下のとおりです。

　ここでは、それぞれの具体的な方法を示していきます。例題および解答例をもとに、どのように考えればよいかを説明します。

1　問題文の分析：解答すべき内容の把握

何を行うか
①問題文から、何を解答すべきかを確認するため、問題文の重要な箇所にマーカーをつける、丸を付ける、下線を引くなどしておく。
②（1）〜（3）と、項目別に解答すべき内容が分けられているため、それぞれの項目で解答する内容をしっかりと把握する。

なぜ行うか
　問題文では**何について解答すべきか**が示されています。この解答すべき内容に解答しないと、その部分は当然0点になります。解答時に抜けのないようにするためには、ここで**解答すべき内容をきちんと把握する**必要があるのです。
　ただし、現在の出題形式では、下記のように、解答すべき内容が項目別に分けて示されており、それぞれ記述させるようになっています。それぞれの項目で何を解答すべきかを把握すればよいでしょう。

現在の出題形式

　あなたが直面した失敗を挙げ、以下の項目について具体的に述べなさい。

　（1）　失敗の概要

　（2）　失敗の原因

　（3）　対策とその評価

　この場合、失敗について、（1）としてその**概要**を、（2）としてその**原因**を、（3）として失敗に対する**対策**と**評価**を、それぞれ述べればよいことになります。

　なお、昔の出題形式はこのような項目別ではなく、下記のように一文で示されていましたので、この文章から、解答すべき項目を把握する必要がありました。

昔の出題形式

　　あなたが直面した失敗について、その概要および原因、さらにあなたがとった対策とその評価について具体的に述べなさい。

　この場合、失敗について、概要、原因、対策とその評価についてそれぞれ述べる必要があります。

　当たり前ですが、これらに抜けがあるとその部分に解答していないことになり、減点となります。

2　準備メモの作成：内容の構想を練る

何を行うか

①「1 問題文の分析」を受けて、解答すべき内容に対応するキーワード、具体例を準備メモとして書き出す。

②その準備メモをもとに、関連する内容を結び付け、文章全体の構想を練る。問題文で求められている内容にはすべて答える必要があるため、内容に抜けがないかもチェックする。

③項目内で解答すべき内容が2つ以上あるような場合は、求められている行数から、どちらをどのぐらいの行で書くか、目安を考えておく。得意な内容は人によってそれぞれ違うので、書きやすい内容は多めにするなどの調整をする。

④メモだけに時間をかけるわけにはいかないので、残り時間を考えて文章を書く方に移る。ただし、準備メモがしっかりできていないと文章を書く時間は長くなる。逆に準備メモがしっかりできていれば文章を書く時間は短くできる。そのバランスを考えて判断する必要がある。

なぜ行うか

　ぶっつけ本番で次の文章書きに進んでも、多くの場合破綻します。例えば、文章の量については、書く内容が足りなくなる、多すぎる（書ききれない）といった破綻があるでしょう。また、文章の質については、内容のつながりがなく、論文として支離滅裂であるといった破綻が生じるでしょう。このため、文章を書く前にあらかじめ構想を練る必要があり、具体的には前述のような流れで行うとよいでしょう。

　とはいえ、これは試験対策としての話で、最近はパソコンがあるので、とりあえず内容をたくさん文章化して、それを最終的に話の流れが通るように並び替える、足りなければ文章を付加する、多ければ削るといった方法が可能です。しかし、小論文の試験ではそれができませんので、あらかじめ全体の流れを考えておくことが試験対策として重要になります。

　この段階で**キーワード、具体例を準備**し、書けそうな内容の一覧を作っておいて、その一覧から**キーワード同士を結びつける**とともに、**文章の骨格を考えて**おき、清書する際にはそれを見ながら書く、ということが必要になります。

　なお、あとで述べる例題分析では、本にする関係上、準備メモのキーワードや言葉が整然と並んでいますが、本番では問題用紙の空いているところに、まさにメモのように書けばよいと思います。ただし、最終的に文章にしなければいけないので、準備メモの**キーワード同士のつながり**は意識して作りましょう。

3　文章書き

何を行うか

①準備したメモ、キーワードをもとに、文章を書く。

②準備メモをもとに、書いている最中に文章量を調整する。具体的には、書いている最中に、次の内容に移るべきか、もう少しその内容について書く

べきかを判断する。全体を述べた後に、個々の内容や例を具体的に述べる
という形だと、文章の増減にも対応しやすい。文章量については、行数で
考えると視覚的にわかりやすい。

③「3 章 小論文作成時の基本的な注意事項」について意識しながら文章を書
く。

どう行うか

　小論文として文章を完成させなければ解答とはなりません。これは当然として、
もう一つ重要な問題があります。準備メモで、書く内容は大体考えられたのに、
それを文章化できない、という問題です。つまり、準備メモで書きだしたキーワ
ードをどのように結びつければ、小論文＝論旨の通った文章になるかを考える必
要があるということです。

　もちろん、準備メモを作成する際にも、どのように結びつけるかを念頭に入れ
つつ行いますが、準備メモの多くはキーワードや単語ですので、それを文章化す
る技術が重要ということです。

　もちろん、準備メモの作成時に文章をほぼ書いてしまい、ここでは清書のみと
いうことにできれば一番良いのですが、時間的にそれは難しいので、文章を書き
つつ、準備メモに戻って流れや内容を考えつつ書くことになるでしょう。

　ここまでに、解答の流れを下記のように示してきました。

　　1 問題文の分析：解答すべき内容の確認
　　2 準備メモの作成：内容の構想を練る
　　3 文章書き

　しかし、実際にはこのように一直線ではありません。特に「**2** 準備メモ」と「**3**
文章書き」については、準備メモをもとに文章を書きつつ、準備メモを見返し、
どれを書くか、どの程度の量を書くかを考え、また文章を書くことになるでしょう。

　このような準備メモと文章との行きつ戻りつをしながら、最終的に小論文を完
成させることを理解しましょう。

　以下の例題分析では、過去の問題を題材にして、これまでに説明した「**1** 問題
文の分析」「**2** 準備メモの作成」「**3** 文章書き」をどのように進めているのかを手
順を踏まえて説明していきたいと思います。

　ここでは、記述式問題の問 1：コンクリートに関する業務・経験に関する問題について、(1)〜(3) の解答の流れを見ていきましょう。

問 1（これまでの経験に関する問題）
　あなたが経験したコンクリートに関する技術的なトラブルあるいは失敗の事例をひとつ挙げ、以下の項目について具体的に述べなさい。
　(1) 技術的なトラブルあるいは失敗の概要（2 行〜 4 行）
　(2) 技術的なトラブルあるいは失敗の原因（8 行〜 10 行）
　(3) あなたが講じた対策とその評価（8 行〜 10 行）

1　問題文の分析：解答すべき内容の把握

問 1　（これまでの経験に関する問題）
　あなたが経験した コンクリートに関する技術的なトラブルあるいは失敗の事例 をひとつ挙げ、以下の項目について 具体的に 述べなさい。
　(1) 技術的なトラブルあるいは失敗の 概要 （2 行〜 4 行）
　(2) 技術的なトラブルあるいは失敗の 原因 （8 行〜 10 行）
　(3) あなたが講じた 対策 と その評価 （8 行〜 10 行）

解　説

　ここでは、解答する内容を[　　]で囲い、解答時の注意点を 下線 で示しています。このような形で問題文に記入してもらえばよいと思います。

　近年はこのように問題文の中で項目が分けられています。このような場合は、それぞれの項目に対して解答していけばよいので、あまり大げさに分析する必要はないでしょう。

　ただし、答えるときには、挙げる事例は **ひとつ** であることに注意する必要がありますし、**具体的に** との指示もありますので、これも把握しておくべきでしょう。

2 準備メモの作成：内容の構想を練る

準備メモ例A

(1) 技術的なトラブルの概要

　35℃以上になった生コンの返品問題

(2) 技術的なトラブルの原因

　近年の猛暑　通常の対策はしている

　　・暑中コンクリートの修正調合　25℃以上

　　・運搬時間の低減　連絡

(3) 講じた対策とその評価

　追加の対策として

　　・冷却水の使用

　　　→ OK　ただし、運搬時間が長いと厳しい（評価）

　　・アジテータトラックの遮熱塗装

　　　→上と同じ　日向だと厳しい　日陰なら結構OK（評価）

　　→とりあえずOK？　他の方法はあるか？

準備メモ例B

(1) 技術的なトラブルの概要

　軽量コンクリートでポンプ詰まりが多発

(2) 技術的なトラブルの原因

　仕組み：ポンプ圧送に伴う圧力により軽量骨材内の水分が移動

　　　　　　→材料分離→ポンプ詰まり

　軽量コンクリートだとよくあるトラブル

(3) 講じた対策とその評価

　基本の対策として軽量骨材のプレウェッティング

　これによって改善される理由の説明

　従来はこれでいけていた

　→どうして今回はダメだったか？→猛暑で乾燥の進みが早かった

　→このため、十分にプレウェッティングを行った

　→ OK（評価）

解説

　この問1（これまでの経験に関する問題）の場合、自分の経験を、問われている内容に沿った形でどのように文章にまとめるが重要になります。そのためには、書く経験を決めたら、問われている項目ごとにその経験を分け、それぞれに関連するキーワードを挙げて、論文としての流れを考えておく必要があるでしょう。これが準備メモになるわけです。

　ここでは、書く内容として、「コンクリートに関する技術的なトラブルあるいは失敗の事例」を求められています。さらに、設問として、(1) 概要、(2) 原因、(3) 対策とその評価、が求められていますので、これらの項目をある程度書ける自分の経験・事例を決める必要があります。

　しかし、自分の業務経験の中からトラブル、失敗の事例をいくつも挙げ、これらの設問の解答をすべて考えて、その上でテーマとする事例を決めるのは、時間的に不可能と思います。このため、いくつかの自分の経験の中から、この3つの設問を視野に入れて、解答できそうな事例を決め打ちして、各設問の準備メモを作成していくことになるでしょう。

　問1で問われる内容は、業務または経験ですから、試験対策として、**これまでの自分の業務内容の概要をいくつか文章化しておく**とよいでしょう。そのうえで試験時には問われている内容を踏まえ、書けそうな業務・経験を選択するようにしましょう。

　なお、この準備メモでは、「→」を多く用いています。メモのときに言葉を書く余裕がなければ、こういった記号を使う方法もあります。ただし、メモとしては使いやすいのですが、意味が一様ではないので、文章にする際には注意が必要です。当然ですが、文章では「→」は使えませんので、前後の話のつながりを接続詞などで補う必要があります。逆に言えば、準備メモを作る際には、**つながりを意識しながらキーワードを挙げる**ようにして欲しいと思います。

準備メモ：

　　○○を使用　　→（その評価は）　OK

　　○○が起きた　→（その結果として）　△△になった

文章にすると、

　　○○を使用した。これにより……とすることができ、評価できる。

　　○○が起きた。この結果、△△になった。

3　文章書き

(1) 技術的なトラブルあるいは失敗の概要（2行〜4行）

　自分の経験内容は準備メモのところでいろいろと考えてもらうことにして、ここでは、それが大体決まって、実際に文章を書く段階に移ります。

　書く内容が決まったら、(1)で求められているのは「概要」なので、経験の中身を簡単に説明する文章を書くことになります。ただし、この中に　(2)原因や、(3)対策と評価　に関する内容を加えすぎると、あとで書く内容がなくなるので注意する必要があります。

　ちなみに、求められているのが「表題」（2015、2016）だったり、「立場と表題」（2017、2019）だったりするのであれば、これは単語の方がよいことになります。

　例として、準備メモ例Aに示した、「35℃以上になった生コンの返品問題」というトラブルをテーマにするなら、下記のようになるでしょうか。

表題　**1行指定**

| 高温による生コンの返品問題 |

概要　**2行指定**

| 出荷した生コンが受入れ検査時に35℃を超えており、返品されることが相次いだ。 |

概要　**4行指定**

| 近年、夏には猛暑が続いており、出荷した生コンが現場の受入れ検査時に35℃を超えることが相次いだ。受入れ時の規定では35℃以下とされているため、返品され無駄が多く生じることになった。 |

まず、「表題」の場合はできれば**単語**、もしくは**体言止め**がよいです。「高温で生コンの返品が多い」といった文章では、「表題≒タイトル」らしくないということです。例では、「返品が多い」ことを「返品問題」としていますし、他の言葉の候補としては、「返品課題」「大量返品の発生」などとしてもよいかもしれません。いずれにしてもよい単語がないか、探す必要があります。

　一方、「概要」の場合は文章の方がよいでしょう。この場合は、説明をより詳しくすることになります。そして、2行指定と4行指定では、当然ですが、説明の量が変わってきます。

　2行指定の場合は、「出荷した生コンが〜」、と書き始めていますが、

　4行指定の場合は、「**近年の猛暑が続く夏において、出荷した生コンが〜**」、と2行指定の書き始めの前に状況を加えています。これは、2行指定の場合と同様の形で書き始めると、4行指定の場合は量が足りなくなる可能性があると判断して加えたわけです。

　文章の量を増やすためには、それに関連する内容を付け加えるしかありません。よって、指定の行数が多い場合は、あらかじめ関連する内容を加えつつ、文章を書き進める必要があります。このあらかじめというのが結構難しいのではないかと思います。もちろん、あとで付け加えることも可能です。

　　「出荷した生コンが受入れ検査時に35℃を超えており、返品されることが相
　　　次いだ。近年の猛暑により……」

といった形です。しかし、この内容だと、原因を説明している形にもなるので、次の (2) 原因と重複することになってしまいます。(2) と重複しないように、原因を説明しないような形で、概要として説明したいとすると、結構難しいかもしれません。また、文脈がおかしくなりがちなので、求められている文章量と書く内容を比較しつつ、文章のはじめから、多めに説明するか、少なめでよいかを判断していけるとよいでしょう。

　ここでは、これらを踏まえて、下記のような解答としました。

準備メモ例Aの解答例

(1)近	年	、	猛	暑	が	つ	づ	く	夏	に	お	い	て	、	出	荷	し	た	生	コ	ン	の	温
度	が	、	現	場	で	の	受	入	れ	検	査	時	35	℃	を	超	え	て	し	ま	う	こ	と	が
あ	り	、	納	入	し	た	生	コ	ン	が	返	品	と	な	っ	た	事	例	が	数	多	く	発	生
し	た	。																			

長い文でも、短い文でも書けるとよい

　伝えるべき内容があったとき、表題の形で1行で書くことも、概要の形で2行や4行で書くことも、どちらもできるのが理想です。つまり、短くても長くても、伝えるべき内容は伝えられるようにできるとよいです。そのためには、まず、伝えたい内容の骨格、つまり一番重要なことは何か、ということをしっかりと把握している必要があります。あとは、その骨格に対して肉付けをしていけば文章は長くなりますし、骨格だけでとどめれば文章は短くできます。

　前の例では、下記のように考えることができます。

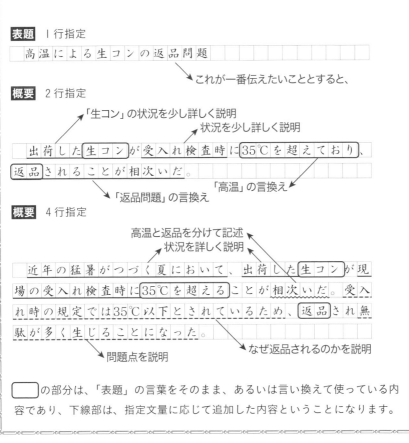

表題 1行指定

| 高温 | に | よ | る | 生コン | の | 返品 | 問題 | | | | |

　　　　　　　　　　これが一番伝えたいこととすると、

概要 2行指定

「生コン」の状況を少し詳しく説明
状況を少し詳しく説明

| 出 | 荷 | し | た | 生コン | が | 受 | 入 | れ | 検 | 査 | 時 | に | 35℃ | を | 超 | え | て | お | り | 、 |
| 返品 | さ | れ | る | こ | と | が | 相 | 次 | い | だ | 。 |

「高温」の言換え
「返品問題」の言換え

概要 4行指定

高温と返品を分けて記述
状況を詳しく説明

近	年	の	猛	暑	が	つ	づ	く	夏	に	お	い	て	、	出	荷	し	た	生コン	が	現
場	の	受	入	れ	検	査	時	に	35℃	を	超	え	る	こ	と	が	相	次	い	だ	。	受	入
れ	時	の	規	定	で	は	35℃	以	下	と	さ	れ	て	い	る	た	め	、	返品	さ	れ	無
駄	が	多	く	生	じ	る	こ	と	に	な	っ	た	。

なぜ返品されるのかを説明
問題点を説明

　□の部分は、「表題」の言葉をそのまま、あるいは言い換えて使っている内容であり、下線部は、指定文量に応じて追加した内容ということになります。

1 (1)人口軽量骨材を用いた軽量コンクリートを、コンクリ
ートポンプ車による圧送で打設する際、ホース内で詰ま
って圧送ができなくなるポンプ詰まりを起こす例が多発
4 した。

(2) 技術的なトラブルあるいは失敗の原因（8行～10行）

　ここでは（1）で設定したテーマに対して、その原因を述べることになります。一般的には、問題文の単語を用いて、下記のような文章で始めるとよいでしょう。

　　「この原因は、～～である。」

　　「このトラブルの原因は、～～である。」

　基本的には、与えられた言葉、概要で使用した言葉をそのまま使うという方がわかりやすくなります。「原因は何か」と聞かれているのですから、「この原因は、」と答えるということです。

　準備メモ例Aに対しては、

　　「この原因は夏の猛暑である。」

　という形でしょう。

　しかし、初めにこの文を考えたものの、この後の原因についてはあまり書くことがありませんでした。生コンが35℃を超える直接の原因としては、外気温が高いことが真っ先に挙げられるでしょう。暑中コンクリートとして対策をしていなかった、というのはありえない気がします。そこで、その猛暑の原因について、地球温暖化などを挙げて説明することも考えましたが、（3）の対策とつながりにくくなるので、それも書けないでしょう。

　例えばここで、

　　「この原因は夏の猛暑である。近年の猛暑は、地球温暖化によるものである。
　　　地球温暖化の原因は、……」

と地球温暖化について書いておいて、（3）で述べる対策が、

　　「対策として、暑中コンクリート用に調合を修正した。」

とした場合、ちぐはぐな印象とならないでしょうか？

　この場合の対策は、（2）で述べた原因である地球温暖化に対する対策でなければならないはずです。しかし、（1）で、高温になった生コンの返品問題をテーマとしておいて、（3）の対策が地球温暖化対策というのも、小論文全体としてちぐ

はぐになります。つまり（2）で地球温暖化対策を原因として主張すると、内容は正しいのですが、小論文全体としてみるとおかしくなってしまうのです。

　ということで、ここでは原因としてほかに書くことがないので、仕方なく一般的な対策を書くことにしました。しかし本来、対策を書くのは（3）のはずです。このため、最近の猛暑のせいで、（2）の一般的な対策ではあまり効果がなかったので、（3）**追加**の対策、という流れにしました。

　つまり、準備メモとして、

（2）原因
　　トラブルの原因の説明、そのメカニズムについて
（3）対策と評価
　　そのメカニズムを踏まえて、行った対策の説明をしてその評価を行う

という形が通常のものと考えられますが、これを変えて、

（2）原因
　　一般的な対策はやっていた、その説明
　　でもそれ以上に暑かったのであまり効果がなかった

という形にして、

（3）対策と評価
　　さらに追加の対策を行った。
　　その結果として評価はこうである。

という構成の小論文にしようと考えました。

　これでできた解答例は、次のようになります。

準備メモ例Aの解答例

（2）主たる原因は、近年の夏の猛暑であり、これは地球温暖化によるものである。猛暑に伴ってコンクリート温度も高くなっているため、上昇しつつある外気温に対応できるような新しい対策を取る必要がある。ただし、現在においても、日平均25℃以上と予想される場合には暑中コンクリートとして調合を修正して出荷していた。また

運搬時間もできるだけ短くできるように納入現場と密な連絡を取るなどの工夫は行っていた。近年では、これら従来の対策のみでは追い付かないほど夏の猛暑が進んでいると考えられる。

　一方、準備メモ例Bについては、

　　「ポンプ詰まりの原因は軽量コンクリートの閉塞である」

と書いても、ポンプ詰まりは閉塞とほぼ同じ意味なので、あまり原因の説明となりません。このため、軽量コンクリートにおけるポンプ詰まりがどのように起きているのか、そのメカニズムを軽量骨材から説明する必要があると考えました。さらに言うと、これは後で述べる（3）対策とも関連するので、これらを順に説明していくことにしました。

　よって、こちらの例Bについては、

項目立てについて

　最近の問題は、（1）（2）（3）と項目が分けられており、さらに行数まで指定されていますが、実はこのように内容の切り分けが難しい場合には困ってしまいます。書く内容をどのように分配するかを悩む必要が出てくるのです。配分を考えなくて済むので、楽といえば楽な面もあるのですが、書く内容によってはこういった短所もあると考えてください。

　ここでは、（2）トラブルの原因として挙げている夏の猛暑（根本的には地球温暖化でしょう）のメカニズムを書くと、（3）対策につながらなくなる恐れがありました。このため、（3）対策の内容の一部を、通常の対策として（2）に取り込み、（3）では、追加となる近年独自の対策について述べています。もし行数指定がなかったら、（2）原因を減らし、（3）の内容を増やしたと思います。

　少し特殊な対処ですが、一例として参考にしてもらえばと思います。

（2）原因

軽量コンクリートの閉塞の原因となるメカニズムを説明して、

（3）対策と評価では

一般的な対策を挙げ、

それを十分にやることで防止できた＝評価できる

という構成の小論文とするように考えると、解答例は下記のようになりました。

なお、この例では解答として求められている「原因」という言葉を使っていません。原因の理由について順を追って説明していくという方法です。この場合は、ポンプ詰まりの発生の仕組みを順に説明することとし、**文章全体で原因を説明し**ていることになるでしょう。

準備メモ例 B の解答例

1 （2）軽量コンクリートには、軽量骨材を使用している。軽量骨材は軽量化のために内部に多くの空隙を持つという特徴がある。ポンプ圧送は生コンに圧力をかけてホース内を運搬しており、この圧力によって生コン内の水分が
5 軽量骨材内の空隙に移動する。これにより流動に関与する水分が減少し、生コンの流動性が著しく低下するためホース内でポンプ詰まりを起こす。特に内部に空隙の多い軽量骨材や、細骨材および粗骨材の両方に軽量骨材を使用する際には起こりやすく、ポンプ詰まりまで至らな
10 くても圧送後にスランプ低下を生じることが多い。

（3）あなたが講じた対策とその評価（8 行〜 10 行）

（2）でもここの内容を視野に入れつつ書いてきました。

準備メモ例 A では、（2）で述べたように、（2）で従来の対策を書いてしまったので、ここで同じことを書くわけにはいきません。また、「従来の対策では追いつかなかった」とも書きました。

（2）で作ったこの流れから、（3）では、追加の対策を書くこととし、さらに、（3）で解答すべき項目である「評価」については、ここで述べた追加の対策について行うという形です。

（3）講じた対策とその評価

　追加の対策として

　　・冷却水の使用

　　　→OK　ただし、運搬時間が長いと厳しい（評価）

　　・アジテータトラックの遮熱塗装

　　　→上と同じ　日向だと厳しい　日陰なら結構OK（評価）

　　→とりあえずOK？　他の方法はあるか？

ここまで構想ができていれば、下記のような解答例A（3）になります。

準備メモ例 A の解答例

(3)追加の対策として2つ行った。①練混ぜ水として冷却水の使用、②遮熱塗装したアジテータトラックの使用。①については効果が高く、現場でのコンクリート温度をほぼ35℃以下に管理することができた。しかし、荷下ろしまでに時間がかかるとスランプの低下が大きくなった。②についても、①と同様に、荷下ろしまでの時間がかかるとスランプの低下が大きかったが、日陰にできるだけ保つようにすれば35℃以下にできた。
　いずれの方法も一応の評価はできるが、設備投資も必要になるため、他の方法も考えていく必要がある。

　一方、準備メモ例Bの方は、初めの構想通り、一般的な対策を挙げ、その評価を行えばよいでしょう。ただし、一般的な対策をしてもダメだった理由も加え、さらにその対策をしたという形にする必要はあるように思います。よって、下記のような準備メモから、解答例B（3）ができます。

準備メモ例B（再掲）

(3) 講じた対策とその評価

　基本の対策として軽量骨材のプレウェッティング

　　これによって改善される理由の説明

　従来はこれでいけていた

　　→どうして今回はダメだったか？

　　→猛暑で乾燥の進みが早かった

　　→このため、十分にプレウェッティングを行った

　　→OK（評価）

準備メモ例Bの解答例

(3)基本的な対策として軽量骨材のプレウェッティングは行っていた。これは、軽量骨材内の空隙をあらかじめ水で満たしておくものであり、水で満たしておけば圧力による水分の移動が生じず、ポンプ詰まりは生じない理屈である。この時には猛暑によって、このプレウェッティングが十分でなく、乾燥が生じた軽量骨材が一部に見受けられた。このため、十分にプレウェッティングを施したうえで軽量コンクリートを製造・出荷した。その結果、ポンプ詰まりを起こすことなく打設できたので、良い対策であると評価している。

準備メモの変化について

解答例 A の初めの準備メモは下記のような感じでしょうか。

(1) 技術的なトラブルの概要

　現場で温度が 35℃ を超えたため返品されるコンクリートが増えた

(2) 技術的なトラブルの原因

　猛暑が主な原因か？

　ほかの原因は？ 暑中コンクリートとして対策をしていない？ している

　猛暑の原因は？ 地球温暖化？ これは書いても仕方がない

　他の原因？

(3) 講じた対策とその評価

　基本的な対策はした

　暑中コンクリート　25℃ 以上

　　修正調合　単位セメント量の減少　遅延剤の使用

　運搬時間の低減

　　これまでのこれらの対策だけでは 35℃ 以下にできない？

　　→評価：小

　最近の対策

　　・冷却水使用

　　　OK ただし、運搬時間長いと厳しい

　　・アジテータトラックの遮熱塗装

　　　　上と同じ　日向だと厳しい　日陰なら結構 OK

　　効果と問題→評価　一応 OK ？ ほかの方法も考える？

この準備メモの配置が、文章を書いている途中で、次のように変わったわけです。

(1) 技術的なトラブルの概要

　現場で温度が 35℃ を超えたため返品されるコンクリートが増えた

(2) 技術的なトラブルの原因　　　　→ここの内容が少ない！と判断

　猛暑が主な原因か？

　ほかの原因は？暑中コンクリートとして対策をしていない？している

　猛暑の原因は？地球温暖化？　これは書いても仕方がない

　他の原因？

(3) 講じた対策とその評価　　　　この内容をこちらへ移動

> 基本的な対策はした
>
> 暑中コンクリート　25℃ 以上
>
> 　修正調合　単位セメント量の減少　遅延剤の使用
>
> 運搬時間の低減
>
> 　これまでのこれらの対策だけでは 35℃ 以下にできない？ 評価：小

　最近の対策（追加として）

・冷却水使用

　　OK ただし、運搬時間長いと厳しい

・アジテータトラックの遮熱塗装

　　上と同じ　日向だと厳しい　日陰なら結構 OK

　効果と問題→評価　一応 OK ？ ほかの方法も考える？

　このことから考えると、本番で準備メモを作るときは、項目をそれほど区別して書かなくてもよいと思います。ただ原因と対策は近くにあった方が書きやすいかもしれません。

　ただし、最終的な解答として、(1) 概要、(2) 原因、(3) 対策とその評価は、なければいけない項目なので、文章を書くときにはそれは常に意識する必要があるでしょう。

　ここでは、記述式問題の問 2:コンクリート主任技士として取り組むべきテーマに関して、例題をもとに（1）～（3）の解答の流れを見ていきましょう。

> 問 2（コンクリート主任技士として取り組むべきテーマに関する問題）
> 　「コンクリート分野における環境負荷低減」、「コンクリート構造物の耐久性向上」、「コンクリート構造物の現場施工の効率化」の 3 つのテーマの中からひとつを選択し、（1）に選択したテーマを記述し、（2）、（3）の項目について具体的に述べなさい。
> 　（1）選択したテーマ（1 行）
> 　（2）選択したテーマに関するあなたの技術的知識（10 行～ 15 行）
> 　（3）選択したテーマに対して、あなたが考える今後の展望（6 行～ 8 行）

1　問題文の分析:解答すべき内容の把握

問 2（コンクリート主任技士として取り組むべきテーマに関する問題）
　コンクリート分野における環境負荷低減 、「コンクリート構造物の耐久性向上」、コンクリート構造物の現場施工の効率化 の 3 つのテーマの中からひとつを選択し、（1）に選択したテーマを記述し、（2）、（3）の項目について具体的に述べなさい。
　（1）選択した テーマ （1 行）
　（2）選択したテーマに関する あなたの技術的知識 （10 行～ 15 行）
　（3）選択したテーマに対して、 あなたが考える今後の展望 （6 行～ 8 行）

解 説

　3 つのテーマからひとつ選択し、それを（1）選択したテーマ、として記述する。さらに選択したテーマについて、（2）技術的知識、（3）今後の展望、を説明することが求められています。また、具体的にとあるので、可能な限り具体的に記述する必要があるということを読み取ってください。

　これらを頭に入れつつ、2 つの解答例 A、B で手順を踏まえて考えていきましょう。

2　準備メモの作成：内容の構想を練る

準備メモ例A

(1)　選択したテーマ

　　コンクリート構造物の現場施工の効率化

(2)　「現場施工の効率化」に関連して挙げる技術的知識

　　高流動コンクリート

　　　効率化との関連：打設が楽、人員削減

　　　説明：AE剤使用、流動性向上

　　　デメリット：品質管理大変、スランプ管理

　　プレキャスト化

　　　効率化との関連：現場作業減少、人員削減

　　　説明：工場生産のコンクリート部材

　　　デメリット：コスト上昇、運搬大変

(3)　現場施工の効率化に関する今後の展望

　　　今後どうなるか？→さらに望まれる

　　　それはなぜか？→少子高齢化、人手不足

　　コンクリート主任技士としてどう取り組んでいくか？

　　　それらを今後解決していく必要がある。

　　　(2)で述べた技術のさらなる進歩を図る　現状デメリットもある

準備メモ例B

(1)　選択したテーマ

　　コンクリート構造物の耐久性向上

(2)　「耐久性向上」に関連して挙げる技術的知識

　　高強度コンクリート

　　　耐久性向上との関連：コンクリートの高品質化　劣化の進展小

　　　説明：低水セメント比、高性能AE減水剤使用

　　　デメリット：品質管理大変

　　プレキャスト化

　　　耐久性向上との関連：工場生産によるコンクリート部材の高品質化

　　　説明：工場生産のコンクリート部材

デメリット：コスト上昇、運搬大変
　　高流動コンクリート
　　　耐久性向上との関連：打設時の手間が減り欠陥が減る→コンクリートの
　　　　　　　　　　　　　　高品質化
　　　説明：低水セメント比、高性能 AE 減水剤使用
　　　デメリット：品質管理大変
（3）耐久性向上に関する今後の展望
　　今後も求められる
　　どうしてか？
　　　→環境問題が深刻化して廃棄物を削減する必要がある。
　　　　建物はこれまでスクラップアンドビルドされていた。
　　　→建物を長期にわたって使用することで解体時の廃棄物減少になる。
　　コンクリート主任技士としてどう取り組んでいくか？
　　　→品質の良いコンクリートを作っていく必要がある。

解説

　まず、**どのテーマを選ぶか**、というのが重要です。

　この問題では（1）でテーマを選択する必要があります。しかし、何でもよいというわけにはいきません。その後の（2）でテーマに関連した技術的知識を挙げ、さらに（3）では今後の展望を述べないといけないので、これらを書けるテーマを選択する必要があります。

　今回だと上記の 3 つのテーマがあるわけですから、それらを眺めてみて、自分にとってどれが書きやすいかを考えます。準備メモを作る際に、テーマと関連して、(2) 関連する技術的知識、(3) 今後の展望に関するキーワードが多く浮かびそうなものということになるでしょう。

　とはいえ、すべてのテーマについてキーワードを挙げている余裕はないので、自分の知識と経験から書きやすそうなテーマを選択することになるでしょう。そもそも 3 つ挙げられているのも、様々な分野の受験者がおり、それぞれの分野で解答しやすいもの、しにくいものがあるためと思います。無理矢理分ければ、下記のような対象者を考えているというところでしょうか。

「コンクリート分野における環境負荷低減」

　　：材料関係者（セメント、混和材料、生コン、コンクリート製品）

「コンクリート構造物の耐久性向上」

　　：材料関係者、設計関係者（自治体、コンサルタント、設計事務所）、

　　　施工関係者

「コンクリート構造物の現場施工の効率化」

　　：設計関係者、施工関係者（建設、インフラ、ゼネコン）

　テーマを選択した後で（2）、（3）を書くために挙げるキーワードについても注意が必要です。

　例えば、（2）で挙げる技術については、テーマに関連して挙げる技術ですので、**どのような関連があるかを説明する**ことが絶対条件です。これがないと（1）のテーマとの関連がわからないわけですから、小論文として成立しなくなってしまうので、必ず記述する必要があります。

　例えば、準備メモ例 B では、

（1）選択したテーマ

　コンクリート構造物の耐久性向上

　に対して、

（2）耐久性向上に関連して挙げる技術的知識

　高流動コンクリート

が入っていますが、耐久性向上と高流動コンクリートとのつながりはすぐに納得できるでしょうか？

　基本的には高流動コンクリートは、その名前からも、流動性を高めるのが主目的で、単純には高耐久とはつながりません。しかし、高流動コンクリート→流動性が高いので欠陥ができにくい→高品質なコンクリートができる→耐久性向上とつなげれば納得できる内容になるでしょう。

このようにテーマと技術の関連について、直接的な関連がわかりにくいものは、どう関連しているのかについて説明を加える必要がありますから、そのためのキーワードも挙げておく必要があるでしょう。逆にその関連がすぐにわかるものは、説明の必要がないわけです。しかし、本当にその関連がわかるか？ わかりにくくないか？ というのは意識してキーワードを挙げる必要があるでしょう。

3 文章書き

(1) 選択したテーマ（1 行）

これについては、自分がもっとも解答しやすいテーマを選択して記入するのみです。

解答例A

| (1)|コ|ン|ク|リ|ー|ト|構|造|物|の|現|場|施|工|の|効|率|化| | | |

解答例B

| (2)|コ|ン|ク|リ|ー|ト|構|造|物|の|耐|久|性|向|上| | | | | | |

(2) 選択したテーマに関するあなたの技術的知識（10 行〜 15 行）

ここではテーマに関する技術的知識を文章にして説明をする必要があります。

キーワードを挙げる際は、その挙げる技術が、**テーマと関連している**ということを念頭に入れて挙げることが必要です。どんな点でテーマと関連しているのかを準備メモとして書いておき、文章化の際に必ず記入する必要があります。

例えば、選択したテーマが「コンクリート構造物の現場施工の効率化」であった場合、挙げた技術が、このテーマとどのような点で関連しているのかを文章で示す必要があります。技術として挙げるのが高流動コンクリートであれば、下記のような形になるでしょうか。

		コ	ン	ク	リ	ー	ト	構	造	物	の	現	場	施	工	の	効	率	化	の	ため	の	技	術
と	し	て	、	高	流	動	コ	ン	ク	リ	ー	ト	が	挙	げ	ら	れ	る	。	高	流	動	コ	ン
ク	リ	ー	ト	は	流	動	性	を	高	め	た	コ	ン	ク	リ	ー	ト	で	あ	る	た	め	、	打
設	時	の	締	固	め	や	叩	き	を	少	な	く	す	る	こ	と	が	で	き	、	現	場	施	工
の	効	率	化	を	図	る	こ	と	が	で	き	る	。											

準備メモとしては、下記のような内容が挙げられれば、テーマに関連する技術

として、ある程度説明ができるでしょう。

> テーマ「コンクリート構造物の現場施工の効率化」
> 技術的知識
> 　　高流動コンクリート
>
> 　　<u>効率化（テーマ）との関連</u>：打設時に楽　省力化、人員削減
> 　　特徴：流動性向上

　そして、こういった形で技術を挙げていけばよいのですが、この例だとまだ5行で、できるだけ最大の15行まで書けるようにしたいため、もっと増やす必要があります。

　文章量を増やす方法として、ここでは下記のような方法が考えられます。

> a. 技術をさらにいくつか挙げる。
> 　5行で1つなら、3つ挙げれば15行になる。
> b. 技術は1つに絞って、その1つについて具体例や詳細な説明を加える。
> 　1つの技術についてたくさん書けそうなら、1つでよい。
> c. aとbを組み合わせる。
> 　技術は2つ挙げ、それぞれに具体例を示す、など。

　このうちどれを採用するかについては、テーマに関連する技術とその内容をどのぐらい挙げられるかが関係してきます。

　また、「(3) 今後の展望」のことを視野に入れると、(2) で取り上げる技術すべてを (3) で取り上げる必要はないものの、当然いくつかは関連づけて説明をする必要があります。このため、準備メモの作成時には、取り上げた技術の内容に関して、(3) で説明することになるかもしれないことも念頭に置いて、デメリットなども含めて、できるだけ多くのキーワードを挙げておくとよいでしょう。

　それでは、3つの方法のうち、どれを採用するか検討しましょう。

a. 技術をさらにいくつか挙げる。

　単純に考えれば、5行で1つなら、3つ挙げれば15行になります。

　この方法を採用するには、当然のことながらテーマ「コンクリート構造物の現

場施工の効率化」に関連する技術を 3 つ以上挙げられる必要があります。一方で、各技術の細かな説明をする必要はないので、数をある程度挙げられるのであれば、採用できるでしょう。

　ただし、いずれの技術においても、**テーマとの関連**を説明すべき点に注意しましょう。そうでないと、単なる知識の羅列になってしまいます。

例

　　コンクリート構造物の現場施工の効率化のための技術として、まず、高流動コンクリートが挙げられる。高流動コンクリートは流動性を高めたコンクリートであるため、打設時の締固めや叩きを少なくすることができ、現場施工の効率化を図ることができる。また、そのほかの技術として、○○が考えられる。○○は、□□という技術である。△△という面で効率化を図ることができる。さらに、××という方法もある。××は、＋＋という技術である。〜〜という点で効率化を図ることができる。

　いずれの技術においても、テーマである「コンクリート構造物の現場施工の効率化」につなげて解答している点に注意しましょう。

　この場合の準備メモとしては、下記のような内容になるでしょうか。

テーマ「コンクリート構造物の現場施工の効率化」
技術的知識
高流動コンクリート
　効率化（テーマ）との関連：打設時に楽　省力化、人員削減
　特徴：流動性向上
○○
　効率化との関連：□□
　特徴：△△
××
　効率化との関連：＋＋
　特徴：〜〜

羅列する際の文章の書き方

このようにいくつかを羅列、並列して挙げる際には、

まず、（1つ目の内容）がある。

また、（次に）（2つ目の内容）もある。

さらに、（最後に）（3つ目の内容）がある。

などといった**接続詞**を加えると読みやすくなります。これらは、読み手にその後の文章を予測させる働きがあります。「まず、」があれば、1つではなく次の話もあるな、と予想ができます。「また（次に）、」があれば、前の話の続きだな、と予想ができ、「さらに（最後に）、」があれば、もう一回続きだな、と予想ができます。こういった予想ができる文章は読みやすいと言えます。

その他の方法として、最初に「3つ挙げる」と述べたうえで「1つ目は〜〜」という形もあります。「1つ目は〜〜」があれば、次に「2つ目は〜〜」も予想され、さらに「3つ目は〜〜」も予想されると思います。とはいえ、最初に「3つ挙げる」と述べたのに、3つ挙げられていないとおかしくなりますので、注意しましょう。

先ほどの文章を、「3つ挙げる」という形で書きなおすと、下記のようになります。

例

> コンクリート構造物の現場施工の効率化のための技術として、3つ挙げる。1つ目は、高流動コンクリートである。これは流動性を高めたコンクリートであるため、打設時の締固めや叩きを少なくすることができ、現場施工の効率化を図ることができる。2つ目は、○○である。○○は、□□という技術である。△△という面で効率化を図ることができる。3つ目は、××という方法である。××は、＋＋という技術である。〜〜という点で効率化を図ることができる。

b. 技術は１つに絞って、その１つについて具体例や詳細な説明を加える。

　こちらは逆に挙げる技術は１つでよいことになります。ただし、その技術について15行まで説明が加えられるように、関連するキーワードを多く挙げておく必要があるでしょう。

　また、初めにその技術とテーマとの関連を述べてしまえば、その後はその技術についての知識を説明することになるので、その技術を深く把握できているのであれば、採用できると思います。

　なお、デメリットやテーマと相反する内容についても説明してよいですが、この技術がトータルとしてテーマに即している旨は記述する必要があるでしょう。

例

　　コンクリート構造物の現場施工の効率化のための技術として、高流動コンクリートが挙げられる。高流動コンクリートは、高性能AE減水剤などの混和剤を用いて流動性を高めたコンクリートであるため、打設すると型枠の隅々までいきわたりやすい。従来のコンクリートの打設時には十分な締固めや叩きが必要であるが、これらを少なくすることができ、施工時の省人化・効率化を図ることができる。一方で、高価な混和剤を使用することになるため、材料としてはコストがかかるデメリットがある。しかし、総合的に見れば現場施工時の効率化のメリットの方が大きい。

　準備メモとしては、下記のように、ある技術的知識に対して、その説明のキーワードが多く挙げられれば、選択可能でしょう。

テーマ「コンクリート構造物の現場施工の効率化」
技術的知識
高流動コンクリート
　効率化（テーマ）との関連：打設時に楽　省力化、人員削減
　特徴：流動性向上、高性能 AE 減水剤使用、型枠にいきわたる、欠陥少ない、
　　　　品質向上、ワーカビリティ良
　デメリット：コストアップ、品質管理に手間

c. a と b を組み合わせる。

　技術は 2 つ挙げ、それぞれに具体例をいくつか示すといった書き方です。

　これは前述の a と b の中間なので、一番採用しやすいかもしれません。

例

　　コンクリート構造物の現場施工の効率化のための技術
として、まず 高流動コンクリート が挙げられる。高流動
コンクリートは、高性能AE減水剤などの混和剤を用いて
流動性を高めたコンクリートである。従来のコンクリー
トの打設時には十分な締固めや叩きが必要であるが、こ
れらを少なくすることができ、施工時の効率化を図るこ
とができる。
　　次にコンクリート部材の プレキャスト化 が挙げられる。
これは○○という技術である。〜〜という点で現場施工
が効率的になる。

　ここでは、1 つ目として高流動コンクリートを挙げ、2 つ目にプレキャスト化を
挙げ、それぞれについてある程度の説明、テーマとの関連を述べているわけです。

　テーマ選択後の準備メモとしては、下記のような内容を挙げられればよいでし
ょう。

テーマ「コンクリート構造物の現場施工の効率化」
技術的知識
高流動コンクリート
　効率化（テーマ）との関連：打設時に楽　省力化、人員削減
　特徴：流動性向上、高性能 AE 減水剤使用
プレキャスト化
　効率化との関連：〜〜
　特徴：○○

　以下の解答例では、いずれも組み合わせた例を挙げます。解答例 B では付け足
しのような文章も加わっていますが、いずれの例もテーマに対応した技術を 2 つ
述べているのがわかるでしょうか。

文章量の調整について

　指定が 10 行〜15 行であれば、可能なら 15 行書きたいところです。題材が 1 つなら、15 行までそれでいけばよいのですが、ここで示した例のように題材が 2 つの場合、あらかじめ高流動コンクリートで 8 行、プレキャスト化で 7 行といった感じで大体決めておく必要があります。得意分野もあるので、どっちが書きやすいかを踏まえて配分することになります。とはいえ、特に指示がなければ半分ずつにするのが一般的です。

　では、高流動コンクリートについて書いている途中で、6 行で終わりそうだったら、どうするか。

　次のプレキャスト化についての内容を多く書けそうだったら、そちらに移ればよいでしょう。しかし、高流動コンクリートの内容の方が得意で、多めに書けそうという場合、このままプレキャスト化の内容に移ると、プレキャスト化の内容で文が書けず、そちらが 5 行で終わりかねないわけです。そうすると 11 行しか書けないことになるわけで単純に文章量が少なくて減点となります。ということは、この場合、得意な高流動コンクリートについて、何とか 8 行ぐらいまでは書いてからプレキャスト化の内容に移るのが得策でしょう。

　あらかじめ目安を作っておくというのは、このような判断の目安を作っておくということです。書き出してみて、意外と沢山書けたから 12 行まで書いてよいかといえば、プレキャスト化の内容が 3 行で終わることになり、それはバランスが悪くなって困るわけです。逆に書き出してみたら、意外と書けずに仕方がないのでプレキャスト化に移ったらそっちも書けずに、文章量が全く足りなくなった、というのも困ります。

　よって、目安を作っておいて、その前後で終わらせるように文章量を調整することが必要になります。

　こういう心配は、パソコンで書く場合にはあとで調整がきくので不要ですが、試験の場合は書きつつ考えなくてはいけません。

テーマ「コンクリート構造物の現場施工の効率化」

解答例 A

(2)コンクリート構造物の現場施工の効率化のための技術として、まず高流動コンクリートが挙げられる。高流動コンクリートは、高性能AE減水剤などの混和剤を用いて流動性を高めたコンクリートである。従来のコンクリートの打設時には十分な締固めや叩きが必要であるが、これらを少なくすることができ、施工時の効率化を図ることができる。

　次にコンクリート部材のプレキャスト化が挙げられる。これは現場打設ではなく、工場で作成したコンクリート部材を現場で組み立てるものである。現場打設は配筋工事、型枠工事、コンクリート打設と現場での工程が複雑で人員も多く必要であるが、プレキャスト化により、現場での工程は搬入と組立のみとすることができる。工場でのコンクリート部材の製造はコスト高にはなるものの、現場施工については効率的になる。

テーマ「コンクリート構造物の耐久性向上」

解答例 B

(2)コンクリート構造物の耐久性向上のための技術として、まず高強度コンクリートが挙げられる。高強度コンクリートは、低水セメント比として強度を高めたコンクリートである。高強度コンクリートは組織が緻密であり、劣化因子が侵入しにくくなるため、耐久性が高く、それを用いた構造物も耐久性が向上する。

　次にコンクリート部材のプレキャスト化が挙げられる。これは工場で作成したコンクリート部材で構造物を構築するものである。工場での生産は、現場生産に比較して気候等が安定しており、生産されるコンクリートの強度・品質は向上する。このため、高強度コンクリートと同様の理由で構造物の耐久性は向上する。

|こ|の|よ|う|に|コ|ン|ク|リ|ー|ト|の|品|質|を|高|め|る|こ|と|で|構|造|物|
|の|耐|久|性|も|向|上|す|る|た|め|、|丁|寧|に|コ|ン|ク|リ|ー|ト|を|打|設|し|、|

|欠|陥|を|少|な|く|す|る|こ|と|も|方|法|の|1|つ|と|い|え|る|。|

（3）選択したテーマに対して、あなたが考える今後の展望（6行〜8行）

　解答する内容を細かく分けているので忘れがちですが、コンクリート主任技士の問2は、**（コンクリート主任技士として取り組むべきテーマに関する問題）**です。

　このため、この（3）では、（1）で取り上げたテーマについての**今後の展望**を示すこと、さらにテーマに対して（2）で取り上げた技術の展望を絡めて示すことが必要になるでしょうし、これに加えてコンクリート主任技士としてどのように取り組んでいくかを説明することも必要になると思います。

　繰返しになりますが、問2は**（コンクリート主任技士として取り組むべきテーマに関する問題）**ですので、この立ち位置からの説明は忘れないようにしましょう。

　ここでは下記の3つのテーマが挙げられています。

　「コンクリート分野における環境負荷低減」

　「コンクリート構造物の耐久性向上」

　「コンクリート構造物の現場施工の効率化」

　それぞれのテーマについて、今後の展望はどうなると予想されるでしょうか。社会情勢からその予想を裏付けると、論文としての説得力が増します。

　専門知識の勉強は、四肢択一問題の試験対策として行っていると思いますが、社会情勢については直接の勉強はあまりしないと思います。しかし、論文として必要なので、日々の業務の変化やニュースなどから情報を仕入れておくとよいです。

　そして、それらの社会情勢をどのようにテーマに関連づけて考えるか、ということも重要です。

　単純に文章にすると下記のような感じになるでしょうか？

「コンクリート分野における環境負荷低減」

|　|環|境|問|題|は|ま|す|ま|す|重|要|に|な|る|の|で|、|コ|ン|ク|リ|ー|ト|分|
|野|に|お|い|て|も|環|境|負|荷|低|減|が|よ|り|求|め|ら|れ|る|。|

「コンクリート構造物の耐久性向上」

|　|環|境|問|題|に|伴|っ|て|廃|棄|物|の|削|減|が|求|め|ら|れ|る|た|め|、|コ|

ンクリート構造物の耐久性を向上させることで、建物を長期にわたって使用できるようにして、解体に伴う廃棄物を削減していく必要がある。

「コンクリート構造物の現場施工の効率化」

　今後少子高齢化が進み、労働人口が減少するため、現場施工の効率化がより求められる。

　さて、これらのテーマが「今後もより一層求められるであろう」という方向性をもとに、技術と絡めて「コンクリート主任技士として」どのように取り組むべきかを記述することになります。

　当然絡める技術は、(2) で取り上げたものの方が論文としてつながりができます。内容としては、(2) で取り上げた技術でテーマのすべてを解決できればよいのですが、ほとんどの場合はそうではなく、発展途上でしょう。このため、取り上げた技術の現状・デメリットも踏まえて、その技術の今後の展望と、コンクリート主任技士としてどのように取り組むべきかを述べることが論文らしい流れとなります。

　ここでは、解答例Aの準備メモを先に見てみましょう。

準備メモ例A（再掲）

テーマ「コンクリート構造物の現場施工の効率化」

(3) 現場施工の効率化に関する今後の展望

　　今後どうなるか？ →さらに望まれる

　　それはなぜか？ →少子高齢化、人手不足

　コンクリート主任技士としてどう取り組んでいくか？

　　それらを今後解決していく必要がある。

　　(2) で述べた技術のさらなる進歩を図る　現状デメリットもある

こういった流れを考えた上で、小論文として文章化します。

今後の展望は？ という設問に対して、

・こうなるだろうと自分で予想し解答する。

・その予想はなぜか、という疑問を、その予想に対して考え、その疑問に対して自分で根拠を述べる。

といった自問自答を繰り返して、論文として内容を補強している形でしょうか。

　以下、この準備メモをもとにした解答例 A です。

テーマ「コンクリート構造物の現場施工の効率化」

解答例 A

(3)現場施工については、今後も効率化が求められることは間違いない。日本においては少子高齢化が進み、現場で働ける人間の数が減るためである。このような状況に対応できるように、前述のような新しい技術の導入を進めていく必要がある。しかし現状では、高流動コンクリートは品質管理面で、プレキャスト化はコスト面でデメリットも抱えているため、コンクリート主任技士として、これらを改善できるようにしていく必要がある。

　一方、解答例 B の方の「コンクリート構造物の耐久性向上」に関する解答は、少し毛色が違います。なぜ今後も求められるか、という問いに対して「耐久性向上」は直接の答えがあまり考えられないからです。先に例として出した、耐久性の向上は今後どうなるか、という文章も下記のように、少し長いですね。

「コンクリート構造物の耐久性向上」

　環境問題に伴って廃棄物の削減が求められるため、コンクリート構造物の耐久性を向上させることで、建物を長期にわたって使用できるようにして解体に伴う廃棄物を削減していく必要がある。

　ここでは、

　　環境問題→廃棄物削減要求

　　耐久性向上→解体に伴う廃棄物減少

という形で廃棄物を低減させることに共通点があることを示してつなげているわけです。

　これをもとに考えると、準備メモは下記のようになりました。

> **準備メモ例B（再掲）**
>
> テーマ「コンクリート構造物の耐久性向上」
>
> (3) 耐久性向上に関する今後の展望
>
> 　今後も求められる
>
> 　どうしてか？
>
> 　　→環境問題が深刻化して廃棄物を削減する必要がある。
>
> 　建物はこれまでスクラップアンドビルドされていた。
>
> 　→建物を長期にわたって使用することで解体時の廃棄物減少になる。
>
> 　コンクリート主任技士としてどう取り組んでいくか？
>
> 　　→品質の良いコンクリートを作っていく必要がある。

　これをもとに以下に解答例Bを示します。

テーマ「コンクリート構造物の耐久性向上」

解答例B

(3)コンクリート構造物の耐久性向上については、今後さらに要求されることになると予想される。環境問題から考えれば、従来のような解体と新築を繰返すことはできず、構造物を長期にわたって使用することが求められるためである。構造物の耐久性を向上させることは、この目的にかなうものであり、コンクリート主任技士としては、その目的に沿った品質の高いコンクリートを供給していく義務があると考えている。

主任技士　例題分析3　2009年度

　ここでは、出題形式が古い例題をもとに、「1 問題文の分析」と「2 準備メモの作成」についてのみ解答の流れを見ていきましょう。

> 　コンクリートの製造時、施工時および構造物の供用・維持管理時の各時点における水の関与について、それぞれの内容と技術的留意点を合計600〜800字で記述しなさい。

ただし、全ての時点について記述することとするが、あなたの得意とする分野を重点的に記述してもよい。なお、解答用紙の所定欄に、あなたの仕事の分野と小論文の内容を表す標題を記入しなさい。

1 問題文の分析:解答すべき内容の把握

コンクリートの[製造時]、[施工時]および[構造物の供用・維持管理時]の[各時点]における[水の関与]について、それぞれの[内容]と[技術的留意点]を合計600〜800字で記述しなさい。

ただし、全ての時点について記述することとするが、あなたの得意とする分野を重点的に記述してもよい。なお、解答用紙の所定欄に、あなたの仕事の分野と小論文の内容を表す標題を記入しなさい。

解説

この時期は、解答すべき内容が (1)、(2)、(3) といった項目として示されておらず（項目別になったのは2014年からです）、文章のみで示されていました。このため、文章から解答する内容を読み取る必要がありました。

ここでは、解答する内容を[　　]で囲い、解答時の注意点を下線で示しています。このようにマーキングした結果、**3つの時点それぞれの、内容と技術的留意点**を問われている、ということを把握します。つまり、次表のように6つの項目を問われていることを読み取る必要があるということです。

水の関与について		
	製造時	施工時	構造物の供用・維持管理時
内容			
技術的留意点			

さらに、ただし書きにおいて、「すべての時点について記述すること」とあるので、6つの項目すべてに解答しなければいけません。製造時、施工時、構造物の供用・維持管理時の3つの時点について、それぞれ内容と技術的留意点の2つの観点からの内容を書く必要があるということです。実際には、内容と技術的留意点は連動しているので、3つの時点を落とさないことが重要です。

水の関与について			
	製造時	施工時	構造物の供用・維持管理時
内容			
技術的留意点			

加えて、ただし書きには、「あなたの得意とする分野を重点的に記述してもよい」とあります。通常であれば、3つの時点をほぼ均等に解答するのが一般的です。しかし、このように書いてあるということは、得意な時点を5割、残りを半分ずつ、といった形で書いてもよい、ということになります。

また、「仕事の分野と小論文の内容を表す標題」については、解答用紙に記入欄があるので、記入を忘れないようにしましょう。

以上のようなことを把握した上で、解答に移る必要があります。

2　準備メモの作成：内容の構想を練る

準備メモ例

水の関与について			
	製造時	施工時	構造物の供用・維持管理時
内容	単位水量 W/C 強度 調合設計	打設時 ワーカビリティ 加水 混和剤 硬化後 　養生、水分	耐久性の確保 ひび割れの発生 中性化の進展 鉄筋の腐食 凍結融解 乾燥収縮
技術的留意点	水量の管理 W/Cの管理 300文字　12行 ぐらい？	加水の防止 ワーカビリティ確保 施工性とのバランス 湿潤養生の大切さ 型枠の存置期間	水に関しては完全な防止は難しい

（文字数の分配案）

600〜800字（25文字×24行〜32行）

6項目なので、1項目あたり130文字、5行程度

　どれを多く書けるか？ 施工？ 製造？

　　製造時：300文字　12行

　　施工時：300文字　12行

　　維持管理時：200文字　8行　ぐらい？

　問題文の分析から6項目について答える必要があることがわかったので、表形式で準備メモを作ってみました。

　このようにきちんとした表をつくる必要はないのですが、「1 問題文の分析」で把握した6つの項目を説明しなければいけないことを忘れてはいけません。それぞれにキーワードを配置して、どのような内容とするか考える必要があります。

　また、文字数もしくは行数の配分例も示しました。近年の問題のように、項目別に行数指定で出題されている場合は必要がないですが、このような出題形式では、あらかじめ考えておく必要があります。

　項目別に得意不得意を考えて、大体の目安を考えましょう。ここでは、製造時、施工時、供用・維持管理時で分けるぐらいでしょうか。例では表とは別に書きましたが、実際には、表の中に数値のみ記入すればよいでしょう。また、文字数指定であっても、それぞれの項目で改行することを考えれば、行数で目安を作っておく方がよいと思います。

　なお、表題については、先に考える方法もありますし、書いた後に見直しつつ考える方法もあると思います。先に考えると、書いているうちに内容が少し変わる可能性もあるので、内容と合わなくなることもあります。一方、書いた後に考えようとして時間切れで書けなくなると0点でしょうから、とりあえず書いておいて余裕があれば見直す方がよいかもしれません。

4·2 コンクリート診断士試験：小論文の解答のツボ

コンクリート診断士試験の小論文の解答の流れは、2章に示したように、以下のとおりです。

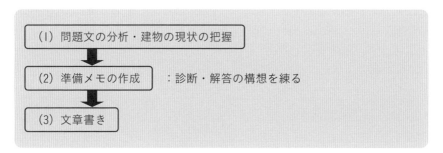

ここでは、それぞれの具体的な方法を示していきます。例題および解答例をもとに、どのように考えればよいかを説明します。

1 問題文の分析・建物の現状の把握

何を行うか
①問題文を読み、それぞれの設問において解答すべき内容を把握する。
②コンクリート構造物の説明文および写真、図表をもとに、劣化の現状を把握するため、特徴的な部分にマークする、下線を引く、丸を付けるなどをしておく。
③建物の現状の把握の際には、解答内容との関連で、注目すべき部分は変わってくるので、関連付けながら現状を把握する。

なぜ行うか
まず、問題文には**解答すべき内容**が示されています。この解答すべき内容に解答しないと、当然その部分は 0 点になります。このため、解答すべき内容は抜けのないように、しっかりと把握する必要があります。最後まで忘れないようにしましょう。

また、問題に示されたコンクリート構造物について、**現状を把握**する必要があります。判断材料はここに示されているものだけなので、**解答の根拠として示す**ことができるのもこれらだけです。解答すべき内容を頭に入れつつ、それに**対応する建物の現況、数値等**をチェックしましょう。ある程度はここで文章化したり、メモ書きをしてよいと思います。それらを生かして、次の準備メモを作成しましょう。

　表 4.1 は、問題に示されている内容から推定できる項目の例を示したものです。問題文、もしくは図表において示されている言葉や内容から、どのようなことが推定できるのかを把握しておきましょう。

表 4.1　問題に示されている内容から推定できる項目

内容	推定できる項目
竣工年	その時代の規格、使用骨材の傾向、コンクリートの品質
立地	地域により、凍害や塩害　アルカリシリカ反応性のある骨材の使用が多い地域
コンクリートの配調合、設計基準強度	コンクリートの品質
使用材料（セメント、骨材）の種類	アルカリシリカ反応
かぶり、仕上げ	中性化
中性化深さ	中性化
塩化物イオン量	塩害
化学成分	化学的劣化
骨材の促進膨張試験	アルカリシリカ反応
凍結防止剤の散布の有無	塩害、凍害

海岸から0.5kmということは塩害の可能性があるか…

東北地方か…凍害もあるし、凍結防止剤もありうる？

2 準備メモの作成：内容の構想を練る

> **何を行うか**
>
> ①「1 問題文の分析・建物の現状の把握」を受けて、問題の解答を、構造物の説明文や図表をもとに考え、準備メモを作っていく。
>
> ②まず、構造物の劣化の現状、特にひび割れの様子や表面状態、図やグラフの特筆すべき値などを文章化する。
>
> ③その劣化に対する原因を挙げてみる。挙げた原因が、その劣化の原因として十分な根拠があるか、図表やグラフから可能性について検討する。また、可能性は低くとも他の原因は考えられないか検討する。
>
> ④原因と理由については、その関連を準備メモとして残しておき、文章を書くときに使用する。
>
> ⑤調査項目や対策については、原因に対応するものをいくつか挙げてみる。構造物の劣化のレベルに合わせて、どれを選択して説明するか考える。この劣化のレベルについても、問題文から根拠を示す。
>
> ⑥各設問について、最大 1000 文字から考えて、どのぐらい文字数を割り当てるか、目安を考える。書きやすい内容、書きにくい内容は人によってそれぞれ違うので、書きやすい内容は多めにするなどの調整をする。
>
> ⑦メモだけに時間をかけるわけにはいかないので、時間を考えて文章を書く方に移る。ただし、準備メモがしっかりできていないと文章を書く時間は長くなる。逆に準備メモがしっかりできていれば文章を書く時間は短くできる。そのバランスを考えて判断する必要がある。

なぜ行うか

　コンクリート診断士の場合、問題に示された構造物の現況をもとに診断を行うため、**構造物の現況のどこを根拠として診断を行ったのか**を明確にしながら解答を行う必要があります。最終的にはそれをどのように文章で説明するかが小論文の合否を分けますから、この準備メモでは、診断結果とその根拠のつながりを意識しながらキーワードを挙げていく必要があります。

　例えば、ひび割れの原因を A と推定するのであれば、問題のどこから、建物の状況のどこから推定したのか、**その関係を準備メモとして作っておく**と、文章化

するときにやりやすくなるでしょう。

　このようなメモを作らずに文章を書き始めることもできますが、多くの場合、文章量が足りなくなったり、多くなったりします。そのようなことのないように、あらかじめここで内容を考え、ある程度は文章化しておいたり、原因についてもいくつかの可能性を出しておく必要があります。

　また、当然のことながら、このような準備メモを作成するためには**知識**が必要です。四肢択一問題の勉強をすることで身についているものと思いますし、この本は小論文の書き方の説明を主としているので、あまり深入りしませんが、考え方の参考に、表 4.2 ～ 4.5 のようにまとめてみました。ただ、これだけでは不十分ですので、詳細は適宜補っていただきたいと思います。

　以下に、この表を用いた考え方を説明します。

　表 4.2 は、**劣化状況の分類とその詳細**を示したものです。これは、問題文に示されている構造物の劣化状況を当てはめるものです。例えば構造物にひび割れが生じており、その形状が亀甲状であれば、この表で言えば一番上のところになります。

　次に、表 4.3 は、**劣化状況に対応した原因・発生条件**を示しています。この表では、表 4.2 に対応した原因が示されています。先ほどの例でいえば、亀甲状のひび割れですから、→を見るとアルカリシリカ反応が原因と推定されます。

　この例では亀甲状のひび割れ→アルカリシリカ反応という流れで原因推定となりますが、ここで注意点が２つあります。

　1 つは、構造物のひび割れが本当に亀甲状かということ。それぞれにイメージがあると思いますが、何をもって亀甲状というのか、微妙なものもあると思います。網目状にも近いものがありますし、それなら網目状のひび割れとみなした場合には何が原因と言えるのかも考えておくべきでしょう。表 4.2 →表 4.3 では凍害となりますので、そちらは原因として考えられないか検討する必要もあるでしょう。

もう1つは、このひび割れの形状だけで原因を推定してよいのかということ。推定するのであれば、ひび割れの形状以外の**裏付け**もあった方が確実です。問題文に竣工年、立地、骨材の種類など、アルカリシリカ反応に関係しそうな情報があれば、それらが裏付けになるでしょう。もしそういった情報がなければ、原因をアルカリシリカ反応に断定してよいのかを考える必要があります。その場合は、**他の原因を検討する**必要もあるでしょうし、文章を書くときにも断定しない形にした方がよいかもしれません。

もし原因がアルカリシリカ反応であると断定するのであれば、そのことを**確実に示すための調査**をするべきでしょう。表 4.4 に、**推定した原因に対する詳細な調査項目の例**を示します。このような調査項目を挙げることがそのまま設問になっている場合もあると思いますし、もし問題文にこれらの結果が示されているのであれば、それを裏付けにして原因推定の理由として述べればよいわけです。

詳細な調査を行って、原因が特定できれば、それに対応した対策として、補修もしくは補強が必要になるでしょう。ただし、この対策については、**劣化の原因**だけではなくて、**劣化の程度**の把握も必要ですから、その調査も必要になるかもしれません。

表 4.5 は、**補修方法**を示したものです。これまでの考察から、何が原因で、その結果どういう症状が生じて、その程度はどのぐらいかということまで推定しているはずなので、それに対応した補修方法を選択することになります。この表では、目的と補修工法を結び付けています。ただし、その目的は、**構造物の状況に対するもの**（ひび割れ、表面保護、剥落防止、鉄筋腐食防止）と、**原因に対するもの**（塩害、中性化）があります。実際には、これらは関連するものも多いため、これらを組み合わせて提案することになるかと思います。

本来は、この後には補強方法も検討すると思いますが、試験ではそこまで求められることは少ないため、ここでは割愛します。

ひび割れから考えると…
原因は○○か？
△△の可能性も？
裏付けになるデータはないか…？
んー、全塩化物イオン量は…

表 4.2 劣化状況の分類とその詳細

劣化状況の分類	劣化状況の詳細	
ひび割れ	亀甲状のひび割れ、鉄筋に沿ったひび割れ	———
	網目状のひび割れ	———
	開口部の角、長大壁	———
	建物の下部の逆ハの字、上部のハの字、長大壁	———
	床板の軸方向、直角方向	———
	柱や橋脚の破損、せん断破壊	———
	（鉄筋に沿ったひび割れ）	———
鉄筋の腐食	錆汁、腐食によるコンクリート表面の剥離	———
		———
	（錆汁、腐食）	———
膨れ（ポップアウト）	点在した膨れ、コーン状の剥落	———
		———
	線状の膨れ	———
表面の劣化	スケーリング	———
	コンクリート表面の溶出、骨材露出	———
	表面のすり減り	———
焼け跡		———

表 4.3 劣化状況に対応した原因・発生条件

原因	発生条件
アルカリシリカ反応	反応性骨材、過度のアルカリ　発生に水分も必要
凍害	凍結状況下
乾燥収縮	拘束条件下：場所によってほぼ原因特定可能
温度変化	拘束条件下：場所によってほぼ原因特定可能
疲労	過度の荷重：主として道路
外力	過度の荷重：地震後
（鉄筋の腐食）	（鉄筋の腐食が原因でひび割れが発生）
中性化	低品質のコンクリート、かぶり厚小
塩害	コンクリート内の塩分、飛来塩分
（ひび割れ）	（ひび割れが原因で鉄筋が腐食）
凍害（骨材の凍結）	凍結状況下、骨材の種類
硫化物を含む骨材	骨材の種類
（鉄筋の腐食）	（鉄筋の腐食が原因で鉄筋に沿った膨れが発生）
凍害	凍結状況下
化学的浸食	化学物質の存在下
擦れ	舗装、床面、キャビテーション
火災	状況によって原因特定可能

診断士

表 4.4　推定した原因に対する詳細な調査項目

推定原因	詳細調査項目
アルカリシリカ反応	アルカリシリカゲルの生成の有無 骨材の産地、反応性の有無、残存膨張性、水の流入経路
凍害	環境条件、コンクリートの品質
塩害	塩化物イオン含有量（電位差滴定法、吸光光度法、硝酸銀滴定法） 塩化物イオンの分布状況（EPMA による分析）
中性化	中性化深さの測定（フェノールフタレイン法、ドリル法）

表 4.5　補修方法

目的	補修工法
ひび割れ補修	ひび割れ補修工法 ├ ひび割れ被覆工法：0.2mm 以下 ├ 注入工法：0.2 〜 1.0mm 以下 └ 充填工法：1.0mm 以上
表面保護 （保護層の設置による劣化因子浸入抑制）	断面修復工法 （表面剥落・劣化したかぶり撤去後）
	表面被覆工法
	表面含侵工法
剥落防止 （剥落による二次災害防止）	剥落防止工法 ├ アンカーピンニング工法 ├ 繊維シート（ネット）接着工法 └ ウレタン樹脂吹付け工法
鉄筋腐食進展防止	電気防食工法
塩害対策	脱塩工法
中性化対策	再アルカリ化工法

原因は〇〇か△△？
〇〇だとすると、〜〜を調査すればよいか
△△なら、□□を調査だな。

　さて、現在の診断士の試験では、「以下の問いに合計1000字以内で答えなさい。」という形になっているので、各問いに対してどのぐらいの文字数もしくは行数を割り当てるかをあらかじめ考えておきます。次の問いに移るときに改行するので、行数で考えればよいと思います。

　単純に言えば、各問に等分で割り振るのですが、内容によって当然書きやすいもの書きにくいものがあろうかと思いますので、どちらを多めにするか、少なめにするかの大体の目安を決めておきましょう。これをもとに、**文章を書いている途中**で、足りなさそうなので内容を詳しく書くか、超過しそうなので削っておくか、決断することになります。

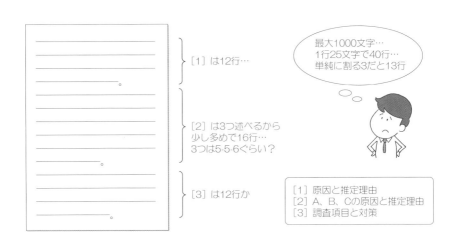

[1] は12行…

最大1000文字…
1行25文字で40行…
単純に割る3だと13行

[2] は3つ述べるから
少し多めで16行…
3つは5-5-6ぐらい？

[3] は12行か

[1] 原因と推定理由
[2] A、B、Cの原因と推定理由
[3] 調査項目と対策

3 文章書き

何を行うか
①準備したメモ、キーワードをもとに、文章を書く。
②準備メモをもとに、書いている最中に文章量を調整することになる。具体的には、書いている最中に次の内容に移るべきか、もう少しその内容について書くべきかを判断する。ただし、問われている内容についてはすべて答える必要があるので、漏れがないように注意する。文章量については、行数で考えると視覚的にわかりやすい。
③「3章 小論文作成時の基本的な注意事項」巻末の「小論文チェックシート」について意識しながら文章を書く。①準備したメモ、キーワードをもとに、文章を書く。

どう行うか

　小論文として文章を完成させなければ解答とはならないので、準備メモをもとに文章化することになります。最後に文章を書くのは当たり前のことなのですが、**準備メモからどのように文章にするか**を説明したいと思います。

　コンクリート診断士の場合、問題に診断の材料がありますので、それを準備メモの中で関連付けていれば、文章は**いくつかの型**にはまってきます。

　例えば、「ひび割れの発生原因およびその原因を推定した理由を述べなさい。」という問題であるなら、まず、発生原因について、

　「ひび割れの発生原因は、〜〜である。」（断定）
　「ひび割れの発生原因は、〜〜と考えられる。」（少し弱い断定）
　「ひび割れの発生原因は、〜〜の可能性がある。」（可能性の指摘）

といったような答えの形がもっともストレートです。診断の確信の程度に基づいて、断定なのか、可能性なのかを語尾で変えればよいです。もちろん、その後に推定した理由も述べる必要がありますから、それとの関係も考えて文末を変えて述べればよいでしょう。

　次に推定した理由についての文章の例として、

　　この原因を推定した理由として、写真1で△△（劣化状況の説明）がみられることが挙げられる。この△△は、〜〜（原因）によって生じる劣化として典型的なものである。〜〜（原因）により、××となることによって生じる△△である。（劣化が生じた理由、メカニズムの説明）

　つまり、解答は下記のような骨格になるでしょう。

　ひび割れの発生原因は、〜〜である。

　この推定理由は、△△である。

（問題に示されているどの部分を根拠とするか示す。その上で、その根拠と発生原因の関連やメカニズムなどを説明していく）

　一方で文章の流れとしては、逆に理由を先に述べる方法もわかりやすいかもしれません。

　　写真1の△△（劣化状況の説明）は、○○というメカニズムによって生じたものと考えられ、〜〜が原因といえる。

　これも、単純に書けば、下記のような骨格です。

　○○の理由により、（根拠、メカニズムも含めて説明して、）

　〜〜が原因といえる。（と結論付ける。）

　どちらでも書きやすい方でよいと思います。ただし、問題で「ひび割れの発生原因およびその原因を推定した理由を述べなさい。」と問われているのであれば、必ず「発生原因」「その推定理由」の2点を説明する必要があることは忘れないようにしましょう。また、原因と推定理由の関係が理屈に合っているものでなければならないのは当然です。

　また、文章量が指定されているということで、それに見合った量を書く必要があります。

　文章量を増やすのであれば、より詳細にひび割れ発生のメカニズムを説明するとか、他の原因の可能性にも言及するといった方法があります。

　一方で、**文章量を減らす**のであれば、これらを書かなければよいのですが、意

外と筆が進んでしまうということもあります。よくあるのが、ひび割れの状況など、理由ばかりを説明して、原因を説明できなくなること。問われていることが原因と理由の2つなら、当然どちらも書かなければいけませんので、大きな減点になります。

　こういった**文章量の調整**、つまり何を書いて何を書かないか、どの程度詳しく書くか、簡単にするか、といったことについても考えつつ、準備メモをにらみながら、文章を書き進める必要があります。

　以下の例題分析では、準備メモと、それをもとに文章化した例を示し、その解説を加えていきます。準備メモから、どのように文章を組み立てているかについて、その関係を考えてみてください。また、逆に、文章から、どのような準備メモがあったのか、考えてみるのもよいと思います。

診断士 例題分析1　2020年度　問題I（建築）

　　建設後約30年を経た建物の調査を実施したところ、北面1階外部柱の脚部は、写真1のように健全であったが、南面1階外部柱の脚部には、写真2に示すひび割れが見られた。また、屋上の防水押えコンクリート表面にも、写真3に示す変状が見られた。屋上周辺の概略断面を図1、建物の概要を表1に示す。以下の問いに合計1000字以内で答えなさい。

[問1] 写真2および写真3の変状について、推定される発生原因を述べなさい。また、写真2の変状が進行した理由について、写真1と比較して述べなさい。さらに、写真3について、領域Aと領域Bで変状の程度に差が生じた理由を述べなさい。

[問2] 問1で推定した変状の原因を特定するための詳細調査について、3つの項目を挙げ、その項目が必要となる理由を述べなさい。

[問3] 今後35年間建物を使用するために、南面1階外部柱の脚部および屋上の防水押えコンクリートの変状に対するそれぞれの補修方法を提案し、選定理由を述べなさい。

診断士

写真1　北面1階外部柱の脚部

写真2　南面1階外部柱の脚部

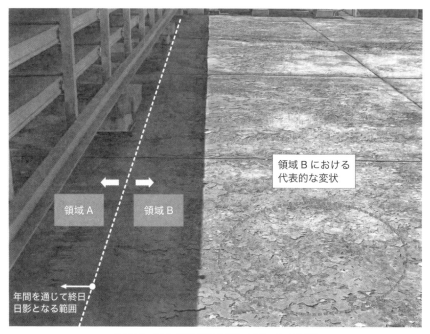

写真3 屋上の防水押えコンクリートの変状

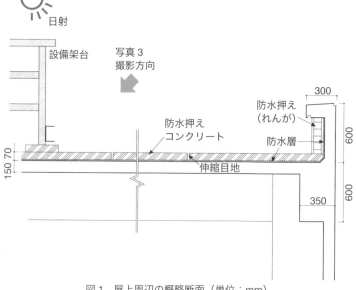

図1 屋上周辺の概略断面（単位：mm）

表 1 建物の概要

立地	東北地方内陸部
用途	市庁舎
構造	RC 造
柱部材の仕様	コンクリートの呼び強度 27、水セメント比 57%、空気量 4.5%、 川砂利および山砂使用、 骨材のアルカリシリカ反応性：無害、 かぶり（厚さ）30mm
防水押え コンクリート部材の仕様	コンクリートの呼び強度 18、水セメント比 60%、空気量 5.0%、 人工軽量粗骨材および砕砂使用、 細骨材（砕砂）のアルカリシリカ反応性：無害、 φ6-200mm 溶接金網シングル、かぶり（厚さ）30mm
階数	2 階
建設年	1989 年
仕上げ	コンクリート打放し、タイル貼り
冬期の環境条件	・日最深積雪 20cm 以上の日数の月別平年値： 　　20 日以上で積雪日数が多い ・日最低気温の月別平年値と日最高気温の月別平年値の差： 　　10℃ に近く寒暖差が大きい

1 問題文の分析・建物の現状の把握

分析例

　建設後約 30 年を経た建物の調査を実施したところ、北面 1 階外部柱の脚部は、写真 1 のように健全であったが、南面 1 階外部柱の脚部には、写真 2 に示すひび割れが見られた。また、屋上の防水押えコンクリート表面にも、写真 3 に示す変状が見られた。屋上周辺の概略断面を図 1、建物の概要を表 1 に示す。以下の問いに合計 1000 字以内で答えなさい。

[問1] 写真 2 および写真 3 の変状について、推定される発生原因を述べなさい。また、写真 2 の変状が進行した理由について、写真 1 と比較して述べなさい。さらに、写真 3 について、領域 A と領域 B で変状の程度に差が生じた理由を述べなさい。

[問2] 問 1 で推定した変状の原因を特定するための詳細調査について、3 つの項目を挙げ、その項目が必要となる理由を述べなさい。

[問3] 今後 35 年間建物を使用するために、南面 1 階外部柱の脚部および屋上の

防水押えコンクリートの変状に対する それぞれの補修方法 を提案し、 選定理由 を述べなさい。

解説

ここでは、問題文について、解答する内容を □ で囲い、解答時に注目すべき言葉を下線で示しました。

解答する内容については、近年はほとんど変わりません。ただし、各問に分けられているため、それぞれに分けて解答する必要があることに注意しましょう。また、1つの設問の中で2つの内容（原因および理由）を問われる場合や、A、B、Cのひび割れについて問われる場合など、答えるべき内容が1つでない場合も多くありますので、すべてに解答することを意識する必要があります。

この問題で問われている内容を下記に示します。細かく見ると結構多くの内容を問われていることがわかりますので、これら全てに答えなくてはいけないということを、まずここで認識しておきましょう。

[問1]　・写真2および写真3の変状の発生原因
　　　　・写真2の理由（写真1と比較して）
　　　　・写真3について、領域Aと領域Bの違いの理由
[問2]　・詳細調査3つ
　　　　・それらの必要性
[問3]　（柱と防水押えコンクリートそれぞれについて）
　　　　・補修方法
　　　　・その提案理由

また、表4.1（p.96）にも示したとおり、問題文、図中の言葉や値の中で診断にかかわるものがありますので、これにも注意を払う必要があります。これらの言葉や値を見落とさずに、診断の根拠とします。これらは準備メモにもつながるものです。

例えば、ここでは、表1の建物の概要の立地に、「東北地方内陸部」とありますから、

東北地方→凍害の可能性？

内陸部→飛来塩分はないが、凍結防止剤はある？

といったところが読み解けます。また、骨材のアルカリシリカ反応性が無害とありますから、その可能性を除外できます。こういった言葉を見落とさないようにしましょう。

小論文では、説明文、写真、図表から読み取れる根拠を示しつつ、自分の診断結果を示していく必要がありますから、こういった言葉や値を問題から十分に把握しておきましょう。

2　準備メモの作成：内容の構想を練る

準備メモ例

［問1］

（劣化状況の文章化→原因の推定）

写真2の変状

　柱：網目状？ 亀甲状？ のひび割れ　凍害？ アルカリシリカ反応？

写真3の変状

　防水押えコンクリート：コンクリートボロボロ　スケーリング→凍害？

　北側　終日日陰

　押えコンクリート　終日日陰の範囲ではあまり劣化してない

　やはり凍害か　温度差の厳しいところで劣化が進む

（表1　建物の概要からも検討）

東北地方内陸部　→凍害？

柱部材　空気量4.5%　凍害は抑制されるはず？

　　　　アルカリシリカ反応性：無害

防水押えコンクリート

　　空気量5.0%　凍害は抑制されるはず？

　　アルカリシリカ反応性：無害

冬期の環境条件

　積雪日数が多い

　寒暖差が大きい　→凍害

　凍害でないとすると、北と南の違い、領域A、Bの違いが説明できない

［問2］

詳細調査3つ

　・環境条件

・水の状況

・空気量は十分なはず？ 調査気泡間隔？ できる？ 強度は小さめ？

コンクリートの品質の調査？

［問3］

柱　ひび割れの程度を調査　鉄筋の腐食に至っていないか

　　ひどければはつって補修

　　軽ければ、ひび割れをふさいで、さらに水が浸入しないような表面被覆か

押えコンクリート

　　スケーリングでボロボロなので、はつって再押さえ

　　より品質の良いコンクリートを使用？

　　凍害がどこまで達しているかによる

（文字数の配分案）

1000文字：400-300-300？　40行　16行-12行-12行ぐらい？

1000字以内（40行）、3問なので各問に300字程度

多めに書けそうなのは？ 長くなりそうなのは問1？ 問3？

［問1］400字：16行

　　初めに2行？

　　写真2柱と写真3押えコンクリートでそれぞれ7行？

［問2］400字：12行

　　3つの調査項目にそれぞれ4行程度

［問3］300字：12行

　　柱と屋上でそれぞれ6行程度

解説

　赤字は、その下の内容を示しています。メモの一部として示してありますが、本番でここまで書く必要はないと思います。ここでは、その下の内容をどのような意図でメモしたのかがわかるように付け加えたものです。

　準備メモを作るには、まず知識が必要です。この本は、小論文を書く方法についての本なので、知識には深入りしませんが、四択問題の学習である程度は身についているものと思います。その知識をもとに、写真の劣化状況やひび割れの状況などを**文章化**しておけば、解答を書く際に、この文章を書き写しつつ、（この文

章化した状況をもとに、）原因を〜〜と推定した、という文章を書くことができます。

どこまで準備メモを作るかは、試験時間との兼ね合いもありますし、最終的に要求されている文章量との関係にもなります。文章量の増減に対応できるのが理想ですので、ほぼ断定できるものであっても、可能性のあるものをいくつか挙げておく（可能性の低さも含めて）とよいです。

ただし、根本は「問題に答えること」ですので、**1** でチェックした解答すべき内容を忘れないように、準備メモを作成していく必要があります。

また、最後に文字数の配分案も考えておきましょう。

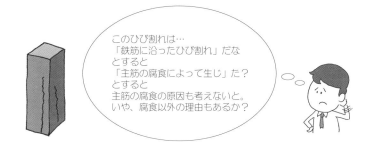

3 文章書き

ここでは ［問1］、［問2］、［問3］ に分けて説明していきます。

［問1］ 写真2および写真3の変状について

解答例 問題I（建築）［問1］

```
問1　写真2および写真3の変状について、発生原因はいずれも凍害と推定される。
　写真2では、表面に網目状のひび割れが観察される。これは凍害の典型的な劣化症状である。写真2で変状が進行した理由は、南面であるために昼と夜の温度差が大きく、凍害が進行しやすかったことが考えられる。一方で写真1は北面であり、昼の日射が少なく夜との温度差が写真2の南面と比較して小さいため、変状が生じにくかったと考えられる。
```

　　写真3において領域Aと領域Bで変状の程度に差が生じた理由もほぼ同様の理由である。領域Aは、写真3中にあるように年間を通じて終日日影となる範囲であり、温度差が生じにくい。一方で領域Bは昼に日射が当たる部分と考えられ、昼夜の温暖さが生じやすく、凍害が進展しやすかったものと考えられる。領域Bにおける変状は、写真2と異なり表面がボロボロになっており、これはスケーリングと呼ばれる凍害の典型的な症状である。

解説［問1］

　小論文の内容が下記のようになっているのを把握できるでしょうか。

・写真2と写真3の発生原因をまとめて説明（1〜2行目）

・写真2について、ひび割れの状況から原因の推定理由を説明し、その後、写真1との比較を日射の面から説明（2〜9行目）

・写真3について、領域A、Bの差について日射の面から説明し、その後推定理由となるスケーリングを説明（10〜17行目）

　「1 問題文の分析」では、問題文から下記の内容が求められていると分析しました。解答例では、これらの3項目に対応して説明しているということを理解してもらえればと思います。

　　　［問1］・写真2および写真3の原因

　　　　　　・写真2の理由を、写真1と比較して述べる

　　　　　　・写真3について、領域Aと領域Bの違いの理由

原因は○○だろう…
ひび割れの形状もそうだし、表面もそうだよな…
○○の推定理由として十分かな…

問題によっては、写真2と写真3の原因が違ったりしますので、そういった場合は、

　　　前半：写真2の発生原因、推定理由を説明

　　　後半：写真3の発生原因、推定理由を説明

という順番で説明する方がふさわしいかもしれません。

[問2] 原因を特定するための詳細調査およびその理由

解答例　問題Ⅰ（建築）[問2]

1	問2　　原因特定のための詳細調査として、①環境条件、
	②コンクリートの品質、③水分移動を取り上げる。
	①環境条件については、場所も東北地方内陸部であり、
	概要にも冬期の環境条件が厳しく、寒暖差も大きい場所
5	とあるが、建物の場所における現況を調べる。
	②コンクリートの品質として、仕様においてはいずれの
	コンクリートも空気量は4.5％または5.0％と十分な値とな
	っているが、この量や気泡間隔等を調べる必要がある。
	③凍害には水分が必要であるため、場所によって水の通
10	り道となっていないか、水が滞留したりしていないか、
	水分の移動状況を調査する。

解説 [問2]

　まず、3つの詳細調査内容を挙げています（1～2行目）。その後、それぞれの理由、目的について述べている、という形です（3～11行目）。

　理由の説明については、「この理由は～～」という書き出しがもっとも直接的な答え方と言えます。しかし、一言で言えるような理由がある場合は書きやすいのですが、そうでないと書きにくいこともよくあります。

　ここでは、理由や必要性をすべて詳細に述べるには行数が足りないと考え、問題文で示されている現在の状況を説明しながら、それに加えてそれぞれの調査内容を詳細に述べる形としました。「理由」という文言はないものの、文章全体として調査目的・理由を説明している形となります。

［問3］補修方法と選定理由

解答例 問題I（建築）［問3］

```
問3   今後35年建物を使用するために、いずれの場所も
まず劣化の程度を把握する必要がある。
  外部柱については、ひび割れが鋼材腐食を発生させて
いるかどうかによって変わる。腐食が発生している場合
は、ひび割れが鉄筋まで達しているため、はつって鉄筋
の防錆処理、さらに断面修復を行う。腐食が発生せず、
ひび割れが浅い場合は、ひび割れをふさいでさらに表面
から水分が浸透しないような被覆剤で補修を行う。
  防水押えコンクリートは、表面が全くボロボロになっ
ているため、これらをはつり落としたうえ断面修復を行
う。内部まで凍害が浸透していると判断されれば、押え
コンクリート全体を打ち直す必要がある。
```

解説 ［問3］

　補修方法の選定の前に劣化の程度を把握する必要があるという説明から始めました。これは、［問2］の調査内容は、原因を特定するためのものであり、劣化の程度はわかっていない状況であると考えたためです。

　よって、ここで劣化程度を把握することを述べたうえで、補修方法は劣化の程度によりますので、それに対応した補修方法について、柱と防水押えコンクリートに対して述べています。

　写真 1 は、海岸沿いの鉄道上に設置されたスノーシェッドである。このスノーシェッドは別々の年代に建設された A 区間と B 区間が連続している。その概要を表 1 に、断面図と側面図を図 1 に示す。

　スノーシェッドの A 区間には変状が認められず、補修の履歴もない。一方、B 区間では 1990 年に梁部に鉄筋腐食に起因するコンクリートのひび割れや剥離、剥落が発生していたため、図 2 のような補修を実施した。しかし現在は写真 2 に示すように、補修箇所およびその周辺に劣化が生じている。

　A 区間の梁部のコンクリート、B 区間の梁部の補修箇所近傍のコンクリートにおける現在の全塩化物イオン濃度の深さ方向の分布を図 3 に示す。

　以下の問いに合計 1000 字以内で答えなさい。

[問 1] 1990 年までに、A 区間の梁部で変状が発生せず、B 区間の梁部にて変状が発生した原因を推定し、その理由を述べなさい。

[問 2] 現在 B 区間の梁部の補修箇所およびその周辺が写真 2 に示すように劣化している原因を推定し、その理由を述べなさい。

[問 3] 問 2 を踏まえて、この構造物を今後 30 年供用する場合、B 区間に必要な対策とその選定理由について述べなさい。

写真 1　スノーシェッドの現況

表 1　スノーシェッドの概要

	A 地区	B 地区
海岸からの距離	約 30m でほぼ一定	
竣工年	1930 年頃	1970 年頃
構造	RC 構造	RC 構造
コンクリートの骨材	川砂利、川砂	川砂利、海砂
反発硬度から推定したコンクリートの強度の平均値	35N/mm^2	26N/mm^2
梁部のかぶりの実測値	スターラップ：30 ～ 32mm 主鉄筋：40 ～ 43mm	スターラップ：20 ～ 28mm 主鉄筋：30 ～ 37mm
現在のコンクリートの中性化深さ	3mm	15mm
備考	・海岸の斜面沿いに位置するため、資材搬入が容易でない ・工事可能時間は列車の運行のない夜間の約 3 時間	
	―	・1990 年に腐食ひび割れに起因するかぶりの浮きは全て叩き落とし、主鉄筋を露出させた上で、図 2 のような断面修復を行なった ・補修箇所における断面修復材の現在の中性化深さは 0mm で、同じく全塩化物イオン濃度は 0.1kg/m^3 以下である

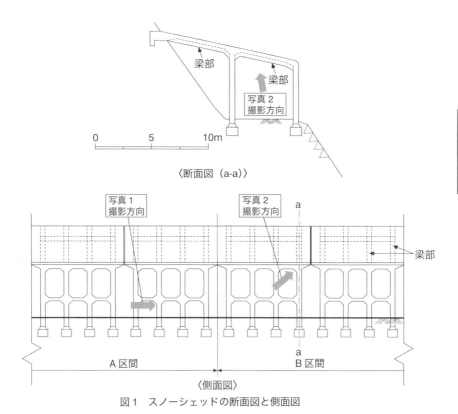

〈断面図 (a-a)〉

図1 スノーシェッドの断面図と側面図

図2 1990年に実施したB区間の梁部に対する補修の概念図

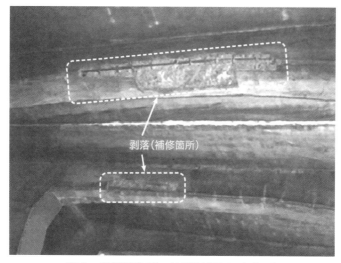

（現在、補修箇所以外では剥落は認められない）

写真2　B区間の梁部の補修箇所およびその周辺における劣化の代表的な例

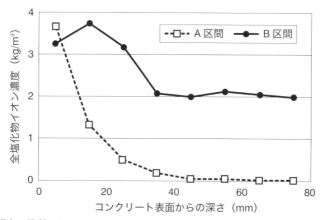

図3　現在の梁部におけるコンクリート中の全塩化物イオン濃度分布の測定結果の一例

1　問題文の分析・建物の現状の把握

分析例

　写真1は、海岸沿いの鉄道上に設置されたスノーシェッドである。このスノーシェッドは別々の年代に建設されたA区間とB区間が連続している。その概要を表1に、断面図と側面図を図1に示す。

　スノーシェッドのA区間には変状が認められず、補修の履歴もない。一方、B区間では1990年に梁部に鉄筋腐食に起因するコンクリートのひび割れや剥離、剥落が発生していたため、図2のような補修を実施した。しかし現在は写真2に示すように、補修箇所およびその周辺に劣化が生じている。

　A区間の梁部のコンクリート、B区間の梁部の補修箇所近傍のコンクリートにおける現在の全塩化物イオン濃度の深さ方向の分布を図3に示す。

　以下の問いに合計1000字以内で答えなさい。

[問1] 1990年までに、A区間の梁部で変状が発生せず、B区間の梁部にて変状が発生した原因を推定し、その理由を述べなさい。

[問2] 現在B区間の梁部の補修箇所およびその周辺が写真2に示すように劣化している原因を推定し、その理由を述べなさい。

[問3] 問2を踏まえて、この構造物を今後30年供用する場合、B区間に必要な対策とその選定理由について述べなさい。

解説

　解答する内容を◻︎で囲い、解答時に注目すべき言葉を下線で示しました。

　コンクリート診断士の場合、解答に求められる内容はほぼ決まっていますが、それを正確に把握することが重要です。また、解答時に注目すべき言葉についても、ここでは問題文の文章のみにチェックしていますが、図表についてもチェックしておくべきです。表であれば言葉を、図であれば劣化状況などを言葉にしておいて、次の準備メモにつなげましょう。

　なお、[問1]では解答する内容として、「原因」と「その理由」を囲っていますが、正確には、「A区間の梁部で変状が発生せず、B区間の梁部にて変状が発生した原因とその理由」を問われています。これをもとに、「A区間の梁部で変状が発生せず、B区間の梁部にて変状が発生した原因は、〜〜」と考えることもでき

ますが、これに一言で答えるのは難しいので、解答としては、

・A区間の梁部で変状が発生しなかった原因とその推定理由

・B区間の梁部で変状が発生した原因とその推定理由

の2つに分けて書くと考えて、それぞれの原因を考えた方がよいと思います。

> [問1] 1990年までに、A区間の梁部で変状が発生せず、B区間の梁部にて変状が発生した原因を推定し、その理由を述べなさい。

> [問1] はどう答えればよいかな…
> ・A区間：変状が発生しなかった：原因とその理由
> ・B区間：変状が発生した：原因とその理由
> という形でよいのかな。

2 準備メモの作成：内容の構想を練る

準備メモ例

[問1]

(建物の状況から原因の検討)

海岸沿い→塩害？

写真2 鉄筋腐食によるかぶりコンクリート剥落 塩害、中性化？

表1から

A区間：古い 強度35 高い 中性化深さ3mm 小さい！→品質良い

B区間：1970年代→高度経済成長期か？品質悪い？

海砂の使用→内在塩分？

強度26 少し低い？中性化深さ15mm かぶりよりは小さい

中性化による鉄筋腐食ではなさそう

1990年断面修復の部分

中性化深さ0mm → OK 塩化物イオン濃度0.1kg/m³以下→OK

[問2]

(図3から塩化物イオン濃度分布を検討)

A区間：表面は塩化物イオン濃度大、ただし内部では徐々に減る。

→海岸沿いで飛来塩分による。

B区間：表面は塩化物イオン濃度大、これは飛来塩分か。

　　　　　　内部の40mmより奥も2kg/m³以上！→内在塩分があった。

［問3］

　30年供用　同じ対策では内在塩分のため再度同じことになる。

　　　　　　内在塩分を除去する必要がある→脱塩工法

　　　　　　飛来塩分もあるため、表面保護も必要

（文字数・行数の配分の検討）

1000文字　400-300-300程度　40行　16行-12行-12行

書けなさそうなのは？問3？問1と問2はほぼ同じ内容？どう分ける？

問1　400　16行

問2　300　12行

　問1と問2の内容が近い？

　同じような内容を述べることになる→問1を多少長くしてもよい？

　　問2までで28行ぐらいか。

問3　300　12行

解説

　まず、問題文のはじめの方の「海岸沿い」という言葉が目につきます。そうすると塩害かな？という視点が得られるでしょう。

　一方、写真3は劣化状況を示しており、これを見ると鉄筋は腐食していますから、やはり塩害？いや中性化も？というところも見えてきます。

　このようなところから、まず塩害を疑ってその視点から資料を見ると、様々な言葉や値、特に図3からはいろいろなことが見えてくると思います。また、同様に中性化についてもその視点から見ればいろいろ見えてくると思いますから、どちらが劣化の原因として考えられるかを推定して、絞り込んでいけばよいでしょう。

　ここは準備メモなので、そういった目についた言葉や値を、文章化を含めてメモしておいて、それらを根拠としたうえで、○○が原因と推定できるかな、という関係をわかるようにメモしておいてください。これをもとに、解答では、「原因は○○と考えられる。（根拠として）図3の△△が挙げられる。」といった文章にするわけです。

3 文章書き

ここでは［問1］、［問2］、［問3］に分けて説明していきます。

［問1］ A区間の梁部で変状が発生せず、B区間の梁部で変状が発生した原因

解答例 問題II（建築）［問1]-a

1 問1　A区間は、表1によれば竣工年が1930年頃と古い年代であるのにもかかわらず、推定強度は35N/mm²と高く、中性化深さも3mmと小さい。これらはコンクリートの品質が非常に高いことを示しており、場所が海岸沿い

5 と塩害を受けやすい状況であるのにもかかわらず、劣化しなかったのはこのためと考えられる。これは、図3の全塩化物イオン濃度分布からも明らかである。飛来塩分の影響により、コンクリート表面で塩化物イオン濃度が4kg/m³と高くなっているものの、内部にいくとほぼ0と

10 なっており、コンクリートの品質の高さが裏付けられる。　一方、B区間は、竣工年が1970年頃と新しいものの、この時期は高度経済成長期でもあり、コンクリートの品質が低い傾向がある年代である。推定強度26N/mm²、中性化深さ15mmはいずれもA区間のコンクリートよりも品

15 質が低いことを示している。さらに、図3の全塩化物イオン濃度分布をみると、表面の塩化物イオン濃度が大きいのはA区間と同じであるが、内部の塩化物イオン濃度も大きく、2kg/m³と一定でもある。これは飛来塩分ではなく、内在塩分があったものと考えられる。当時使用し

20 た海砂によるものであり、B区間で変状が発生した原因

21 は飛来塩分および内在塩分による塩害と考えられる。

解説

　問1で問われているのは、「A区間の梁部で変状が発生せず、B区間の梁部にて変状が発生した原因」でした。これをもとに、「A区間の梁部で変状が発生せず、B

区間の梁部にて変状が発生した原因は、」と書き始める方法もあるのですが、まとまりにくいと思います。

　なぜかというと、原因を一言で述べにくいからです。「A区間の梁部で変状が発生せず、B区間の梁部にて変状が発生した原因は、塩害である。」と書けそうですが、塩害は、「B区間の梁部にて変状が発生した原因」ではありますが、「A区間の梁部で変状が発生せず」の原因ではありませんよね。では他の原因があるかと考えると、「A区間の梁部で変状が発生せず、B区間の梁部にて変状が発生した原因は、コンクリートの品質の違いである」と書けないこともないですが、これもわかりにくいと思います。ここでは、問題文の分析の解説でも述べたように、問われている内容を下記の2つに分けて書き進めることにしました。

　・A区間の梁部で変状が発生しなかった<u>原因</u>と<u>推定理由</u>（1〜10行目）
　・B区間の梁部で変状が発生した<u>原因</u>と<u>推定理由</u>（11〜21行目）

　そのうえで文章を見てもらうと、下記のような説明になっているのがわかるでしょうか。
　・A区間の梁部で変状が発生しなかった原因
　　　（資料による状況説明＝<u>推定理由</u>を示したうえで）
　　→コンクリートの品質の高さが<u>原因</u>
　・B区間の梁部で変状が発生した原因
　　　（資料による状況説明＝<u>推定理由</u>を示したうえで）
　　→塩害が<u>原因</u>
　書く順番としては状況説明から始まり、それを<u>推定理由</u>として、途中もしくは最後に結論として<u>原因</u>を説明している書き方です。日本語としては一般的なのですが、最後に原因を述べる形だと、行数がオーバーして、原因が述べられなくなる可能性もありますので、そこは注意が必要です。これを避けるために、**初めに原因を述べる方法**もありますので、そちらの解答例を ［問1]-b に示します。

解答例 問題Ⅱ（建築）[問1]-b

1	問	1		A	区	間	の	梁	部	で	変	状	が	発	生	し	な	か	っ	た	原	因	は	、	コ
	ン	ク	リ	ー	ト	の	品	質	が	高	か	っ	た	た	め	と	考	え	ら	れ	る	。	表	1	に
	よ	れ	ば	竣	工	年	が	1930	年	頃	と	古	い	年	代	で	あ	る	の	に	も	か	か	わ	
4	ら	ず	、	推	定	強	度	は	35N	/	mm²	と	高	く	、	中	性	化	深	さ	も	3	mm	と	

⁵ 小さい。これらはコンクリートの品質が非常に高いことを示しており、場所が海岸沿いで塩害を受けやすい状況であるのに劣化しなかったのはこのためと考えられる。これは、図3の全塩化物イオン濃度分布からも明らかである。飛来塩分の影響により、コンクリート表面で塩化

¹⁰ 物イオン濃度が4kg/m³と高くなっているものの、内部にいくとほぼ0となっており、コンクリートの品質の高さが裏付けられる。

　一方、B区間の梁部で変状が発生した原因は、塩害である。図3の全塩化物イオン濃度分布をみると、表面の

¹⁵ 塩化物イオン濃度が大きいのはA区間と同じであり、これは飛来塩分によるものと考えられる。しかし、内部の塩化物イオン濃度が非常に大きく、2kg/m³と一定でもある。これは内在塩分によるもので、表1の概要においても海砂が使用されているためである。これらのことから、

²⁰ B区間の変状は、飛来塩分および内在塩分による塩害に

²¹ よって鉄筋が腐食したために生じたものといえる。

[問2] 補修後のB区間で変状が発生した理由

解答例 問題II（建築）[問2]

¹ 問2　B区間で、補修箇所が劣化している理由は、問1でも述べたように、内在塩分による塩害と考えられる。1990年に鉄筋が腐食して断面修復を行ったものの、内在塩分は除去されていなかったものと考えられる。修復時

⁵ の表面被覆によって飛来塩分はある程度防止できたものの、内在塩分により再度鉄筋が腐食し、今回のような変

⁷ 状が生じたものと考えられる。

解説

　[問2]の解答例は7行と、かなり分量が少なくなりました。

　1000文字(40行)が要求されていますから、3問あれば、大体3等分でそれぞ

れ13行前後というのがセオリーです。しかし、この問題の場合、準備メモを作っている段階で、[問2]で問われている内容がかなり[問1]とかぶるのでは、と考えました。

[問2]では、「現在B区間の梁部の補修箇所およびその周辺が劣化している原因」が問われており、この原因も塩害であろうと考えると、[問1]の後半とほぼ同様の内容になります。内在塩分については[問1]で説明しないという方法もありますが、図3の説明時にはやはり触れたいと考えました。

そうすると、こちらで触れられるのは、補修したけれど内在塩分で再度劣化、という内容だけになるので、あまり文章量を増やせません。

このような結果、[問1]は多め、[問2]は少なめとし、しかし目安として[問1][問2]を合わせて28行ぐらい、と準備メモでは考えていました。

<u>合計で1000文字</u>という指定であるため、こういった裁量がある程度認められるわけです。

[問3] 必要な対策とその選定理由

解答例 問題II（建築）[問3]

> 問3　この構造物を今後30年供用することを考えると、1990年に行った断面修復では再度劣化することが予想される。これは前述のように内在塩分によるものであるため、内在塩分を除去できる脱塩工法を行うことが必要になる。同時に1990年の補修と同様に、鉄筋の腐食に伴うかぶりの浮きは全て叩き落して、露出した鉄筋には防錆剤を塗布の上断面修復を行う必要がある。さらに、飛来塩分もあるため、表面を被覆して飛来塩分が内部に浸透しないような対策もする必要がある。いずれにしても鉄筋にとっては過酷な環境であるため、万全を期してさらに対策をとるのであれば電気防食を施して鉄筋の腐食を防止するという方法も考えられる。

解　説

30年というのが、抜本的な対策を述べるべきか、ある程度でよいか、という微

妙なラインととらえられるのですが、いずれにしても、1990年に行ったものと同じ補修では再度劣化するのは目に見えています。そこで、前半には、抜本的な対策として内在塩分を除去する脱塩工法を述べています。これができれば、1990年に行ったものと同等の修復で、ある程度は耐久性を保持できるだろうと予想されます。最後に、文章量が足りなかったということもあったので、鉄筋腐食に対しては、ほぼ万能といえる電気防食を述べてまとめました。

5章
小論文でよくあるミス

　ここでは、小論文で犯しがちなミスについて述べていきます。

　ミスは大きなものから小さなものまで様々ですが、積み重なれば当然不合格ですし、致命的な場合もあります。

　逆に言えば、こうならないようにすればよいということでもあります。この辺りを意識して小論文を書いていきましょう。

5・1 問題文に正しく答えていない

・問われている内容とは別のことを記述している。
・問われている内容の一部しか答えていない。
・事前に準備した文章をそのまま書いている。

　これらのミスは致命的です。Aについて説明せよ、と問われているのに、Bについて説明しているようなものだからです。面接であれば話がかみ合ってない、ということで出題者から質問が来ることでしょう。しかし、小論文の試験においては指摘してくれる人はいません。その結果、延々とBについて書いてしまい、Aについて何も答えなかったら、不合格は間違いないでしょう。

　また、小論文の対策として、事前に準備した文章を暗記しておくという方法を聞いたことがある方もいるでしょう。もちろん、問題が予想できるのであれば、その方法もありと思います。しかし、単純に暗記した文章をそのまま書いても、多くの場合、その文章は問題文に正しく答えた内容にならないので、注意が必要です。

　ここでは、事前に用意した文章や内容をそのまま書いている事例をもとに、問題文に正しく答えるとはどういうことか説明したいと思います。

例として、コンクリート主任技士の下記の問題を挙げて考えていきます。

問題 コンクリート主任技士（2017年度）

問2（コンクリート主任技士として今後取り組むべきテーマに関する問題）
「自然災害」、「少子高齢化」、「IT（情報関連）」、「持続可能な社会の構築」の4つのテーマの中からひとつを選び、以下の項目について具体的に述べなさい。

(1) 選んだテーマ（1行）

(2) 選んだテーマに関して、あなたの知識および経験、あるいはどちらか一方を具体的に述べなさい。（10行～15行）

(3)（省略）

用意した内容（ここでは高炉スラグ微粉末、フライアッシュ）
をそのまま書いた例：

(1)テーマ「持続可能な社会の構築」
(2)昨今、コンクリートの分野では材料の枯渇が問題となってきている。この問題に対応するために産業廃棄物を原料とした材料について、高炉スラグ微粉末とフライアッシュについて述べる。
　まず、高炉スラグ微粉末は、製鉄所の鉄の製造時に高炉で生成される、スラグと呼ばれる物質を急冷し、粉末状に粉砕したものである。高炉スラグ微粉末は、生コンの混和材として用いられる。材料の特性として、潜在水硬性があり、硬化後に長期的な強度発現が望める。
　次に、フライアッシュは、火力発電所にて石炭の燃焼時に生成される球状微粒子である。フライアッシュも生コンの混和材として用いられる。材料の特性としては、ボールベアリング効果と呼ばれる流動性向上の他に、ポゾラン反応による長期強度の増進、硬化後の収縮ひび割れ低減の効果がある。

テーマとの関連を記述した例：

(1)テーマ「持続可能な社会の構築」

(2)昨今、コンクリートの分野では材料の枯渇が問題となってきている。このままでは「持続可能な社会の構築」が不可能となるため、産業廃棄物を原料とした材料が使用されるようになっている。これは、廃棄物の削減というメリットもあり、具体的な例として、高炉スラグ混和材とフライアッシュについて述べる。

　まず、高炉スラグ混和材は、製鉄所で生成される高炉スラグと呼ばれる産業廃棄物を砕いたものである。これは生コンの混和材として用いることができるため、天然の細骨材の使用量を少なくでき、また廃棄物の排出量も少なくできる。~~材料の特性として、潜在水硬性があり、硬化後に長期的な強度発現が望める。~~

　次に、フライアッシュは、火力発電所にて石炭の燃焼時に排出される産業廃棄物である。これも生コンの混和材として用いることができ、セメントの使用量の削減とともに廃棄物の削減が可能となる。~~材料の特性としては、ボールベアリング効果と呼ばれる流動性向上の他に、ポゾラン反応による長期強度の増進、硬化後の収縮ひび割れ低減の効果がある。~~

　用意した内容をそのまま書いた例も、高炉スラグ微粉末、フライアッシュに関する内容は間違っていないでしょうし、「持続可能な社会の構築」というテーマに対して、これらを選択したのも間違っていないでしょう。ではそれでよいかと言われれば、少し疑問です。

　(2)で問われているのは、「選んだテーマに関して、あなたの知識および経験、あるいはどちらか一方を具体的に述べなさい。」です。

　こう問われているのですから、テーマと関連していることを論文の中で明確に説明する必要があるはずです。この例の場合、それぞれの材料の説明の中にはテーマとの関連を示す文言がほとんどなく、単にその技術の説明になっています。

一方、テーマとの関連を記述した例においては、**下線部**で示すように、どういう点でテーマ「持続可能な社会の構築」と関連しているかを説明しています。逆に行数の制限の関係で材料の特性については削っています。もちろん、指定されている文章量に余裕があれば、材料の特性を記入してもよいでしょう。しかし、問われている問題に答えるという意味で、**テーマとの関連の方が重要**なのです。

　材料や技術については、四肢択一の試験勉強をする中で記憶していると思います。そして、小論文の対策として、事前にそういった材料の特性や技術の内容を文章化しておく方法もあります。しかし、小論文においては、問題の問い方によって答え方が変わってくるため、そういった知識や文章をそのままを書いただけでは、問題に対して適切な答えにならない場合が出てきます。

　より単純な例として、「フライアッシュについて説明せよ。」という問題を考えてみましょう。下記に示す解答Aであれば、ほぼ合格でしょう。

問題A　フライアッシュについて説明せよ。

解答A

　　フライアッシュは、火力発電所で石炭の燃焼時に生成される球状微粒子である。フライアッシュは生コンの混和材として用いられる。材料の特性としては、ボールベアリング効果と呼ばれる流動性向上の他に、ポゾラン反応による長期強度の増進、硬化後の収縮ひび割れ低減の効果がある。

　しかし、下記のような問題Bに対してこのように答えたら、どうでしょうか？

問題B　「持続可能な社会の構築に対する有用な技術としての」フライアッシュについて説明せよ。

解答A

　　フライアッシュは、火力発電所にて石炭の燃焼時に生成される球状微粒子である。フライアッシュは生コンの混和材として用いられる。材料の特性としては、ボールベアリング効果と呼ばれる流動性向上の他に、ポゾラン反応による長期強度の増進、硬化後の収縮ひび割れ低減

の	効	果	が	あ	る	。														

この問題Bに対して、解答Aのようにフライアッシュの材料の説明ばかりしていても、問われていることに答えたことになりません。フライアッシュの説明内容に間違いはないのですが、問われたことに対して正しく答えているとは言えず、大幅な減点となります。

ではどうするかといえば、問題の趣旨に沿って、どういう点でフライアッシュが「持続可能な社会の構築に対する有用な技術」なのかを明確に述べる必要があるということです。

問題B 「持続可能な社会の構築に対する有用な技術としての」フライアッシュについて説明せよ。

解答B

	フ	ラ	イ	ア	ッ	シ	ュ	は	、	火	力	発	電	所	で	石	炭	の	燃	焼	時	に	排	出

さ れ る 産 業 廃 棄 物 で あ る 。 持 続 可 能 な 社 会 の 構 築 に お い
て は 、 こ の よ う な 産 業 廃 棄 物 の 再 利 用 が 重 要 で あ る 。 フ
ラ イ ア ッ シ ュ は 、 生 コ ン の 混 和 材 と し て 再 利 用 さ れ 、 こ
れ は 産 業 廃 棄 物 の 削 減 と と も に セ メ ン ト の 使 用 量 も 削 減
で き る 点 で も 持 続 可 能 な 社 会 の 構 築 に 寄 与 す る 。

少しくどいようですが、問われているのは「フライアッシュそのもの」ではなく、「持続可能な社会の構築とフライアッシュの関連」ととらえれば、フライアッシュのどの点が「持続可能な社会の構築」と関連しているかを明確にしなければいけません。そうでないと、問われている内容に答えたことにならず、それは小論文としては致命的なのです。

話を前述の小論文問2に戻しましょう。ここでは、テーマ「持続可能な社会の構築」に対して、高炉スラグ微粉末やフライアッシュを知識として挙げて説明をしようとしています。よって、問われている内容は、問題Aのようなフライアッシュについての説明ではなく、問題Bのように、「持続可能な社会の構築に対する有用な技術としての」フライアッシュについての説明と考えるべきで、このような場合に解答Aでは正しく答えたことにならず、解答Bのように書く必要があるのです。

このように考えると、小論文対策は、たとえ知っている内容であっても、どのように説明するかが重要と言えます。

　例えばフライアッシュであれば、下記のようにキーワードとして様々な内容を覚えることは必須です（これは、四択の学習がそのまま小論文対策になることも示しています）。

フライアッシュ
- 製造　火力発電所　石炭燃焼時の産業廃棄物　球状微粒子
　　　　火力発電が多くなり、排出量が多くなった。
- 使用　フライアッシュセメント
　　　　混和材　セメントとの置換
- 特性　球状微粒子→ボールベアリング効果で流動性向上
　　　　ポゾラン反応による長期強度増進
　　　　乾燥収縮低減　ひび割れ減少

　その上で、

問題A　**フライアッシュについて説明せよ。**
と問われたときに、どのキーワードを使うか。また、

問題B　**「持続可能な社会の構築に対する有用な技術としての」フライアッシュについて説明せよ。**
と問われたら、どのキーワードを使うか。を考える必要があります。そして、それらのキーワードをどのようにつないで小論文とするかを考えることになるでしょう。

　このときに問題となるのは、上記のフライアッシュのキーワードの中には、「持続可能な社会の構築」という言葉は全く入っていないということです。それでは、「持続可能な社会の構築」とフライアッシュは全く結びつかないのか、というとそういうことはないはずです。

「持続可能な社会の構築」
　　　→省エネ、資源使用量の低減、資源の再利用、廃棄物の減少…

といった関係があり、このうちの、

　　資源使用量の低減：フライアッシュを使用することでセメントの使用量を減ら
　　　　　　　　　　　すことができる。

　　廃棄物の減少：そのままでは産業廃棄物となってしまうフライアッシュを使用
　　　　　　　　　できれば、廃棄物の排出量を少なくできる。

という点をとらえれば、「持続可能な社会の構築」と関連付けて説明ができるでしょう。このような隠れた関連は、四肢択一問題を勉強する場合にはあまり意識はしないと思います。しかし、小論文においては、問題文に応じて、このような関連を説明することも必要になるのです。

対策として

(1) 問題文の分析・(建物の現状の把握)

・解答すべき内容の把握・確認をしっかりと行う。

　　わざわざ「問題文の分析」の項目を切り分けているのは、実はこのようなミス
　　を犯しやすいためです。何を、どのような観点から解答すべきなのか、的確に
　　把握する必要があります。

(2) 準備メモの作成

・(1)で把握した解答すべき内容に対応するキーワードを挙げる。

　　キーワードを挙げる際にも、どのようなキーワードを挙げて説明すれば、問題
　　文に解答していることになるのか意識しましょう。

(3) 文章書き

・文章を書くときに、解答すべき内容に適切に答えることを意識して書く。

5·2 小論文の論理がわかりにくい

・前後の文章がつながっていない。
・論理に飛躍がある

　こちらのミスもかなり致命的です。小がついていても論文なので、自分の考え
や言いたいことを筋道立てて、論理的に述べる必要があります。ところがそれが
できていない、ということになれば、小論文ではなくなってしまいます。

　論理は、前後の文章の関係の積み重ねであるため、つながりがわかりづらい文
章が続けば、小論文全体として内容が読み取りにくくなってしまいます。

　ここでは、同じ技術を取り上げて、テーマとの関連をどのように説明していく
と、つながりのある文章になるかを考えてみたいと思います。

　例として、**4·1** 節でも取り上げたコンクリート主任技士の下記の問題を挙げて
考えていきます。

問題 コンクリート主任技士（2018 年度）

問2（コンクリート主任技士として取り組むべきテーマに関する問題）
　「コンクリート分野における環境負荷低減」、「コンクリート構造物の耐久
性向上」、「コンクリート構造物の現場施工の効率化」の3つのテーマの中か
らひとつを選択し、（1）に選択したテーマを記述し、（2）、（3）の項目につ
いて具体的に述べなさい。
　（1）選択したテーマ（1行）
　（2）選択したテーマに関するあなたの技術的知識（10行～15行）
　（3）（省略）

　ここでは、（2）技術的知識として「高流動コンクリート」を取り上げて、3つ
のテーマ「コンクリート分野における環境負荷低減」、「コンクリート構造物の耐
久性向上」、「コンクリート構造物の現場施工の効率化」それぞれに関連するよう

に文章を書いてみたいと思います。

　つまり、

　高流動コンクリート→環境負荷低減？？？

　高流動コンクリート→耐久性向上？

　高流動コンクリート→現場施工の効率化

とそれぞれをつなげるのですが… つながるでしょうか？？

1　「現場施工の効率化」について

　順番が逆になりますが、一番関連が深そうなのは「現場施工の効率化」なので、まずこれから考えてみましょう。

内容の骨格を考える

(1)テーマ　「現場施工の効率化」

(2)高流動コンクリートは流動性を高めたコンクリートである。このため、現場施工の効率化を図ることができる。

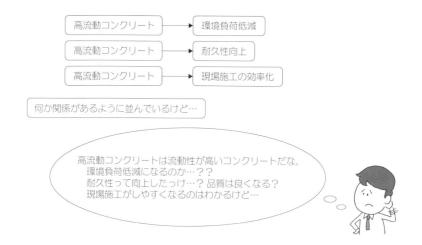

高流動コンクリート → 環境負荷低減

高流動コンクリート → 耐久性向上

高流動コンクリート → 現場施工の効率化

何か関係があるように並んでいるけど…

高流動コンクリートは流動性が高いコンクリートだな。
環境負荷低減になるのか…？？
耐久性って向上したっけ…？ 品質は良くなる？
現場施工がしやすくなるのはわかるけど…

これは、もっとも単純に、「このため、」という接続詞を加えて、流動性を高めることによって→「現場施工の効率化」という文章です。内容としては、ほぼ違和感はないと思います（実際には、コンクリートの打設を全く知らない人には理解できない文章かもしれませんが…）。

文章量に合わせて説明を加える

この文章の内容を骨格として崩さずにいれば、さらに詳しい説明を加えることができます。

(1)テーマ　「現場施工の効率化」
(2)高流動コンクリートは、<u>高性能ＡＥ減水剤を用いて流</u>動性を高めたコンクリートである。このため、<u>打設時の締固めや叩きが少なくでき、</u>現場施工の効率化を図ることができる。

下線部のような説明を加えて、さらにわかりやすくなりました。しかし、内容の骨格は変わっていません。このように内容の骨格を保っていれば、それぞれに説明や具体例を付加することによって、文章の量を増やすことができます。逆に文章量が多くなりそうな場合には、この説明や具体例を削って、調整するという方法もできます。

しかし、この際に骨格の方を削ってしまうと…

(1)テーマ　「現場施工の効率化」
(2)高流動コンクリートは、高性能ＡＥ減水剤を用いて流動性を高めたコンクリートである。このため、打設時の締固めや叩きが少なくできる。

内容としては間違っていないです。しかし、ここでは、テーマ「現場施工の効率化」に対する技術的知識として、高流動コンクリートを説明する文章が求められているのです。つまりこれでは、**5・1**節でも取り上げた「問題文に正しく答えていない」文章になってしまい、大幅な減点です。

文章量を調整する技術という意味でも、文章の骨格を踏まえるということは重要です。その上で、**骨格は削ってはいけない、骨格に対する説明文は加えても削ってもよい**、ということが言えるでしょう。

ここでは骨格として、

　　高流動コンクリート　→　現場施工の効率化（につながる）

がほぼそのままつながるので、文章量を増やすには、それぞれの骨格の内容を説明するキーワードを挙げておいて、それを文章量に合わせて文章化すればよいと思います。

　　高流動コンクリート　　→　　　　現場施工効率化
　　┌流動性高い　　　　　　　　　　┌（高流動コンクリートの使用の効果)
　　│分離抵抗性大　　　　　　　　　│型枠の隅まで行きやすい
　　│高性能 AE 減水剤使用　　　　 　│締固めや叩き低減
　　│自己充填性　　　　　　　　　　│・
　　└・　　　　　　　　　　　　　　└・

　ここで挙げたすべてのキーワードを使った例が下記です。骨格は3行でしたが、説明を加えることによって6行まで増やすことができました。

(1)テーマ	「現場施工の効率化」

(2)高流動コンクリートは、高性能ＡＥ減水剤を用いて流動性を高めるとともに、増粘剤などで材料分離抵抗性も高めたコンクリートである。高い流動性により自己充填性を持つため、型枠の隅までいきわたりやすく、打設時の締固めや叩きが少なくでき、現場施工の効率化を図ることができる。

　なお、この文章では、(2) としてすぐに高流動コンクリートの説明を始めています。これは、「高流動コンクリートは、～」と始めたので、そのまま説明を行ったからですが、実際に解答をするのであれば、初めに「テーマと関連する技術として、高流動コンクリートを取り上げる」、といった一文を入れた方がわかりやすくなると思います。下記のような文章です。

(1)テーマ 「現場施工の効率化」

(2)現場施工の効率化に関連する技術的知識として、高流動コンクリートを取り上げる。高流動コンクリートは、高性能ＡＥ減水剤を用いて流動性を高めるとともに、増

粘剤などで材料分離抵抗性も高めたコンクリートである。高い流動性により自己充填性を持つため、型枠の隅までいきわたりやすく、打設時の締固めや叩きが少なくでき、現場施工の効率化を図ることができる。

　これは、問題文「(2) 選択したテーマに関するあなたの技術的知識」に対して、明確な解答を最初に置いた形です。その後、その解答（ここでは高流動コンクリート）について説明し、最後に「〜〜（それまで説明した内容）の点で、テーマと関連している。」という内容にしています。最初にも最後にもテーマとの関連を示しているわけで、問題文に明確に答えたことになります。

2 「耐久性向上」について

　次に、高流動コンクリートとのつながりが「？」のテーマ「耐久性向上」を取り上げましょう。

内容の骨格を考える

(1) テーマ「コンクリート構造物の耐久性向上」
(2) 高流動コンクリートは流動性を高めたコンクリートである。このため、コンクリート構造物の耐久性の向上につながる。

　……つながるでしょうか？
　では、下記のようだったらどうでしょうか。

(1) テーマ「コンクリート構造物の耐久性向上」
(2) 高流動コンクリートは流動性を高めたコンクリートである。このコンクリートを用いることによって、型枠の隅々まで欠陥なく打設できるため、高品質なコンクリートが作成できる。このため、コンクリート構造物の耐久性の向上につながる。

　これであれば、少しは納得できるでしょうか。ということは、初めの文章も、内容としてはあながち間違いではないのです。初めの文章の骨格は下記のように

なります。

　　　高流動コンクリート　→　耐久性向上（につながる？？）

　これだけでは関係が納得しづらいでしょう。この間の説明が省略されて述べられ
れていないだけで、つながりがわかりにくく、読む人にとっては論理の通らない、
納得できない文章になります。一方、2つ目の文例では、下記のようにつなげて
います。

　　　高流動コンクリート（流動性を高めたコンクリート）
　　　→欠陥なくコンクリートが打設できる
　　　　→コンクリートの高品質化
　　　　　→耐久性向上（につながる）

　このように間をつなげる説明を加えれば、納得できるようになると思います。
小論文としてはこのような前後の文章がつながる、論理のわかりやすい文章を書
く必要があります。

文章量に合わせて説明を加える
　文章の骨格はこれでできましたから、これを崩さずに各内容の説明を加えてい
けば、文章量を増やすことができるでしょう。
　なお、初めの文章のように、途中の説明をすっ飛ばしてしまうのは、「論理に飛
躍がある」ことになります。下記のような形ですね。途中をすっ飛ばしているわ
けですから、読み手にとっては、理解できない文章になってしまいます。

　　　高流動コンクリート（流動性を高めたコンクリート）
　　　→欠陥なくコンクリートが打設できる
　　　　→コンクリートの高品質化
　　　　　→耐久性向上？

3 「環境負荷低減」について

最後に、高流動コンクリートとのつながりが「？？？」のテーマ「環境負荷低減」です。

内容の骨格を考える

(1)	テ	ー	マ	「	コ	ン	ク	リ	ー	ト	分	野	に	お	け	る	環	境	負	荷	低	減	」

(2)高流動高流動コンクリートは流動性を高めたコンクリートである。このため、環境負荷低減を図ることができる。

……つながるでしょうか？？？

では、つながりを（結構無理矢理ですが）作ってみましょう。

(1)テーマ「コンクリート分野における環境負荷低減」
(2)高流動コンクリートは流動性を高めたコンクリートである。このコンクリートを用いることによって、型枠の隅々まで欠陥なく打設できるため、高品質なコンクリートが作成できる。このことはコンクリート構造物の耐久性の向上につながる。耐久性が向上すれば、構造物を長く使用でき、解体までの期間が長くなる。これにより、解体に伴う廃棄物が低減でき、新しい建物を建てるための材料も不必要となる。このため、環境負荷低減を図ることができる。

くどくどと長くなりましたが、これなら高流動コンクリートと環境負荷低減がつながるのではないでしょうか。

この場合、文章の骨格は、下記のようになります。

高流動コンクリート（流動性を高めたコンクリート）
　→欠陥のないコンクリートが作成可能
　　→コンクリートの高品質化
　　　→耐久性向上

　　　　→長期の使用が可能
　　　　　→解体による廃棄物、新規建設による材料の使用の低減
　　　　　→環境負荷低減

　多くの段階を経ていることがわかりますね。かつ、これのどれが欠けても論理
に飛躍があることになってしまうので、これを骨格として、小論文においてはす
べて書く必要があります。文章量は稼げますが、逆にどれを削っても論理が通ら
なくなるので、削ることができないという欠点もあります。試験の場合、行数に
上限があるため、最後の結論に達しない恐れもあり、気をつける必要があります。
　また、このように論理が長くつながるものは、やはり無理が生じやすくなるこ
とも理解しておいてほしいと思います。1つ1つのつながりがある程度正しくて
も、その正しさは100%ということはないので、それが積み重なると、いわゆる
「風が吹けば桶屋が儲かる」というおかしな結果になりかねないのです。

対策として
(1) 問題文の分析・(建物の現状の把握)
・解答すべき内容の確認をしっかりと。
(2) 準備メモの作成
・準備メモ内でもキーワード同士の関連を意識する。
　話の流れや原因と理由の関係を→で示す、技術の詳細は下に括弧で示す、など。
(3) 文章書き
・文章同士が内容的につながっているかを意識して書く。
・特に接続詞を意識して、文章同士のつながりを考える。
　すべてに接続詞が必要なわけではないですが、自分でどのようにつなげて書こ
　うとしているかを意識することが重要です。

5·3　日本語がおかしい

> ・「てにをは」の不備
> ・誤字・脱字
> ・文体の不一致
> ・主語・述語の不一致
> ・長い一文

　これらは、「間違えて書いたな」とか「意味が取りづらいな」と採点者に思われつつ読んでもらえるレベルで、1つ1つは致命的ではないでしょう（読む方にとっては結構苦痛ですが）。

　実際、話し言葉ではこのようなミスはよくあることですし、全くミスがないことの方が珍しいかもしれません。とはいえ、確実に減点はされるでしょう。そして、それが積み重なれば、なかなか侮れない減点になると思いますので、注意が必要です。

対策として

(3) 文章書き

・まずは見直しを。

　時間がなければどうしようもありませんが、最後に全体を通して文章を読むだけでだいぶ違います。もう一度読むだけで意外と気がつくものです。

・「3章　小論文作成時の基本的な注意事項」、巻末の「小論文チェックシート」の内容を意識する。

6章
過去問題解説
準備メモと解答例

　ここでは、**6·1** 節としてコンクリート主任技士の小論文の過去問を、2020 年度からさかのぼって 2016 年度まで（ただし、2018 年度は **4·1** 節で詳述）、また、**6·2** 節としてコンクリート診断士の小論文の過去問を、2019 年度からさかのぼって 2017 年度まで（2020 年度は **4·2** 節で詳述）取り上げます。問題を示すとともに、準備メモと解答例を示しています。

　過去問を解くのは試験対策として王道ですから、そのために活用してもらえばと思います。と同時に、主任技士では「問題の注意点」、診断士では「解説」といった形で解答時にどのようなことを考えていくとよいかを述べていますので、それらも参考にしてください。それを繰り返して最終的には自分独自の解答方法を作り上げましょう。

6・1　コンクリート主任技士

2020 年度

> 「コンクリート分野における環境負荷低減」、「コンクリート構造物の耐久性向上」、「コンクリート構造物の現場施工における生産性向上」の 3 つのテーマの中からひとつを選択し、（1）に選択したテーマを記述し、（2）、（3）、（4）の項目について具体的に述べなさい。
> 　（1）選択したテーマ（1 行）
> 　（2）選択したテーマに関して、あなたの技術的知識（14 行〜 18 行）
> 　（3）選択したテーマに関して、あなたの実務との関係（10 行〜 14 行）
> 　（4）選択したテーマに関して、あなたが考える今後の展望（6 行〜 8 行）

問題の注意点

　2020 年度は、新型コロナウイルスのため試験時間が短縮されました。これに伴い、四肢択一の問題数も減りましたが、小論文も従来の 2 題から 1 題になりました。

　出題の内容としては、ほぼこれまでの問 2 であり、さらに言えばテーマも 4 章で取り上げた 2018 年度とほぼ同じです。しかし、要求される行数が増えるとともに、項目として「（3）あなたの実務との関係」が問われています。この内容は、これまでの問 1 の内容に近いため、ここに問 1 で問うべき内容を含めるという意図であろうと思います。今後もし小論文が 1 題となるのであれば、このような形で実務との関係を問われる可能性があります。

　ここでは 4 章の 2018 年度の問題を再掲し、それとの比較をしながら、特に（3）についてどのように対応すべきか、その考え方を説明しておきます。

（3）実務との関係 が加わっている…！

問題 **2018 年度（再掲）**

> 問 2（コンクリート主任技士として取り組むべきテーマに関する問題）
> 　「コンクリート分野における環境負荷低減」、「コンクリート構造物の耐久性向上」、「コンクリート構造物の現場施工の効率化」の 3 つのテーマの中からひとつを選択し、（1）に選択したテーマを記述し、（2）、（3）の項目について具体的に述べなさい。
> 　（1）選択したテーマ（1 行）
> 　（2）選択したテーマに関するあなたの技術的知識（10 行〜 15 行）
> 　（3）選択したテーマに対して、あなたが考える今後の展望（6 行〜 8 行）

　2020 年度の「コンクリート構造物の現場施工における生産性向上」が、2018 年度では「コンクリート構造物の現場施工の効率化」になっているだけで、テーマとしては 3 つともほぼ同じです。要求行数については、（2）技術的知識が 2020 年度では 14 行〜 18 行なので少し多くなっていますが、それほどの差ではありません。このため、この過去問を解答したことのある人にとっては 2020 年度の問題は、どこかで見た感じがしたことでしょう。

　とはいえ、2020 年度では（3）実務との関係が加わっています。技術的知識と今後の展望の間に入っているわけですから、その順番も踏まえて内容を考える必要があります。挙げる技術的知識は自分の実務に関係のある方がよいでしょうし、その自分の実務をもとに今後の展望を述べる、という流れが自然でしょう。

（3）選択したテーマに関して、あなたの実務との関係（10 行〜 14 行）

　さて、2020 年度の「（3）実務との関係」と問われたときに、どのような内容を書くべきと考えるかは多少人によって差があると思いますが、ここでは、下記の内容で考えてみました。

- ・自分が行っている実務の内容を述べる：**ほぼこれまでの問 1**
- ・選択したテーマがどのように実務に取り入れられているか、もしくは今後取り入れられるべきかを述べる：**実務との関係の本論**

　もしそのテーマが、自分の実務と関係がないものであれば、そもそもそのテーマを選ばないと思います。逆に言えば、そのテーマを選んだということは、その

テーマが実務と何らかの関係があり、聞いたことがあったためでしょうから、その内容を関係として記述するわけです。しかし、その関係を述べる前に自分の業務内容を少しは述べておかないと、当然関係もわかりませんので、こちらも述べる必要があります。文章としては、

　　「自分は業務として～～を行っている。～～の点でテーマと関係があり、

　　（2）で述べた技術を扱っている。」

というような形でしょうか。

　さらにこの際に、上記の文でも入れたように、**テーマとの関連**を述べるとともに、（2）で述べた技術との関係を述べると（2）と（3）のつながりが出ます。ただし、全く同じことを述べてもいけませんから、言葉を変えて述べる必要はあります。さらに、（4）の展望にも業務内容が少し重なる部分がありそうですが、あまり重なって繰返しばかりになっても困りますので、言い換えたり、まとめて述べるなどの方法も考えに入れる必要があるでしょう。

　以上から、2020年度向けの準備メモは以下の通りです。2018年度の「コンクリート構造物の現場施工の効率化」を修正したものです。

　また、これをもとにした解答例も示します。

　なお、これまでの問2は、（コンクリート主任技士として取り組むべきテーマに関する問題）といったような形で**コンクリート主任技士としての立場**から書かせる形式だったのですが、2020年度の問題ではそのような文言は示されていませんでした。しかし、コンクリート主任技士の試験問題である以上、その立場からの視点が必要ないとは思われないので、ここではその視点を（4）に加えています。

準備メモ例

(1) 選択したテーマ

  コンクリート構造物の現場施工における生産性向上

(2)「現場施工の生産性向上」に関して挙げる技術的知識

  高流動コンクリート

    生産性向上との関連：打設が楽、人員削減

    説明：AE剤使用、流動性向上

    デメリット：品質管理大変、スランプ管理

  プレキャスト化

    生産性向上との関連：現場作業減少、人員削減

    説明：工場生産のコンクリート部材

    デメリット：コスト上昇、運搬大変

(3)「現場施工の生産性向上」に関する実務との関係

  ゼネコンの立場

    工期短縮　人員削減　コスト低減

    現場作業が減らせるように→高流動コンクリート

    工場生産品の使用→プレキャスト化

(4)「現場施工の生産性向上」に関する今後の展望

    今後どうなるか？→さらに望まれる

    それはなぜか？→少子高齢化、人手不足、企業の常

    主任技士として

      それらを今後解決していく必要がある

      (2) で述べた技術のさらなる進歩を図る

        現状デメリットもある

2020 年度

解答例

(1)コンクリート構造物の現場施工における生産性向上

(2)コンクリート構造物の現場施工における生産性向上のための技術として、まず高流動コンクリートが挙げられる。高流動コンクリートは、高性能AE減水剤などの混和剤を用いて流動性を高めたコンクリートである。従来のコンクリートの打設時には十分な締固めや叩きが必要であったが、これらを少なくすることができる。その結果、打設人員が削減できるため、現場施工の生産性が向上する。

　次にコンクリート部材のプレキャスト化が挙げられる。これは現場打設ではなく、工場で作成したコンクリート部材を現場で組み立てるものである。従来の鉄筋コンクリート工事は、配筋工事、型枠工事、コンクリート打設の工程があり、現場での工程は複雑で人員も多く必要である。プレキャスト化により、このような現場での工程はプレキャスト部材の搬入と組立のみとすることができる。工場でのコンクリート部材の製造はコスト高にはなるものの、このような工程の簡略化によって、現場施工の生産性の向上が見込める。

(3)選択したテーマである「現場施工における生産性向上」は、ゼネコンで現場監督を行っている私の実務にとって切実な問題である。工期短縮やコスト削減のために、現場においては常に生産性の向上を求められている。このため、施工方法を考える際には、建物の構造や形状、立地条件等から検討するは当然として、生産性の向上も必ず考える必要がある。その結果として、(2)で取り上げたような技術が採用される場合がある。これらの技術は、材料の高性能化や工場生産品の使用によって、現場施工の作業を低減させることで生産性の向上を図っているも

のである。しかし、その一方で、材料費が高くなる場合
や、品質管理がシビアになる場合などもある。このため、
その技術の採用がトータルで現場施工のためになってい
るのかについても考える必要がある。
(4)展望として、現場施工においては、今後も生産性向上
が求められることは間違いない。会社としての要求のみ
ならず、日本においては少子高齢化が進み、現場で働け
る人間の数が減るためでもある。このような状況に対応
できるように、日々の業務の中で(2)で述べたような新し
い技術の導入を進めていく必要がある。しかし現状では、
デメリットもあるため、主任技士として技術の改善また
は新たな技術の導入を常に検討していく必要がある。

解説

　内容、行数配分としては下記のような形になっています。

(2) 技術的知識

　高流動コンクリート（1〜8行目）

　プレキャスト化（9〜18行目）

(3) 実務との関係

　実務の内容（19〜21行目）

　実務とテーマとの関係（21〜25行目）

　実務と（2）の技術を絡めた説明（25〜32行目）

(4) 今後の展望

　今後の展望（33〜34行目）

　その展望の根拠（34〜36行目）

　展望を踏まえて、今後主任技士として行うこと（36〜40行目）

　以下の問1および問2について、それぞれ指定された行数（1行25文字）で記述しなさい。

問1　（コンクリート技術に関連する業務に関する問題）

　あなたが従事している（従事してきた）コンクリート技術に関連する業務（以下、業務）を取り上げ、(1) ～ (3) の項目について具体的に述べなさい。

　(1) 業務を表す表題とあなたの立場（2行以内）

　(2) 業務の内容（7行～10行）

　(3) 業務の中で、あなたが特に力を入れていること（入れていたこと）とその理由（9行～12行）

問題の注意点

　主任技士の問1は、コンクリート技術に関連する業務に関する問題です。業務そのものは受験者であればだれもが持っているものですから、**対策として、自分の業務の文章化をしておく**とよいでしょう。ただ、試験そのものは全く同じ問いではないので、その問いに合わせて文章は変化させる必要があります。

　2019年度は、コンクリート業務の内容が問われるとともに、(3) では説明する業務内容を限定して**「特に力を入れていることとその理由」**となっています。このように問われている場合、(2) でも業務の内容は説明していますから、その内容の一部について、「特に力を入れていることは～～」という書き出しで詳細に説明し、なぜそれに力を入れているかの理由を述べていけばよいと思います。

　ちなみに2017年度も似た問題で、(3) は「特に力を入れていること、その方法」でした。この場合は、力を入れている内容を詳細に説明すれば、その中にその方法も含まれることになると思います。

　このように、問1で問われる内容は、「コンクリート技術に関する業務、経験」にほぼ決まっています。**対策は必須**ですし、対策もしやすいと思います。

　主任技士の受験資格として、コンクリートに関連する実務が挙げられており、ここで問われている業務や経験がない人はいないわけですから、これまでの業務をまとめておくのが対策となります。実際には、わざわざまとめなくても、典型

的な過去問である 2019 年度や 2017 年度を解きつつ、自分の業務を文章化してお
けば十分に対策となると思います。それとともに、2018 年度の「技術的なトラブ
ルあるいは失敗の事例」2015、2016 年度の「技術的課題に対応した事例」といっ
た業務内容が限定された問題にも対処できるように、過去問を解きつつまとめて
おけばよいでしょう。

　以下では一例を示しておきます。

2019 年度　問 1

準備メモ例
(1) 表題と立場 　表題　生コンの品質管理業務 　立場　生コン工場の製造担当　出荷担当 (2) 業務の内容 　材料の管理 　　セメントのミルシート確認 　　細骨材粗骨材の目視確認、受入れ試験、試験成績書の作成 　生コンの製造 　　配合計画書　練り混ぜ、製造　各設備の管理 　生コンの出荷担当　配車管理 (3) 特に力を入れていること、その理由 　生コン車の配車管理 (理由として) 　荷下ろしまでの時間短縮、待機時間の短縮 　残コン、戻りコンも減る (具体的な方法として) 　現場との連絡を密に　スランプ、空気量、進展状況 　交通状況、GPS でリアルタイム

解答例

1　(1)表題：生コンの品質管理業務
　　　立場：生コン工場の製造および出荷担当
　　(2)生コンの品質管理業務として、まず、生コンの材料の
　　管理を行っている。セメントの受入れ時のミルシートの
5　確認、細骨材、粗骨材の目視確認、各種受入れ試験と試
　　験成績書の作成などである。次に、配合計画書をもとに、
　　強度、スランプ、空気量の規定値を満たす生コンの製造
　　を行っている。この際に安定して製造ができるように、
　　受入れ設備や貯蓄設備、ミキサーや計量システムなどの
10　製造設備といった各設備の管理も業務の一つである。ま
　　た、製造した生コンが時間通りに納品先に到着するよう
　　に、出荷担当として、配車の管理を行っている。
　　(3)特に力を入れていることは、生コン車の配車管理であ
　　る。これがうまくいけば、練り上がりから荷下ろしまで
15　の時間も短縮でき、生コン車の待機時間も最小限に抑え
　　られる。さらに、残コンや戻りコンも少なくなり、廃棄
　　物の削減にもつながるということで力を入れている。
　　　　具体的には、スランプ、空気量の現場での値を確認す
　　るとともに、現場の進み具合や状況を、圧送業者や現場
20　監督と密に連絡を取って把握している。これに現場まで
　　の交通状況等の情報を加えて、工場と共有することで配
　　車のタイミングを微調整している。さらに最近ではGPS
　　によって生コン車の運搬状況がリアルタイムに把握でき
24　るため、この情報も加えて配車管理を行っている。

問2　（コンクリート主任技士として取り組むべきテーマに関する問題）

　次の①〜④のテーマの中からいずれかひとつを選択し、（1）に選択したテーマ番号を記入し、（2）、（3）の項目について具体的に述べなさい。

テーマ番号	テーマ
①	コンクリート製造における「品質の確保」と「省力化・効率化」の両立
②	コンクリート製造における「品質の安定」と「環境負荷低減」の両立
③	コンクリート構造物における「耐久性の向上」と「環境負荷低減」の両立
④	コンクリート構造物における「現場施工の効率化」と「品質の確保」の両立

（1）選択したテーマ番号（1行）

（2）選択したテーマに関する技術的な課題（6行〜8行）

（3）技術的な課題に対して、あなたが考える解決策と展望（11行〜15行）

問題の注意点

（1）どれをテーマとして選択するか

　コンクリート主任技士として取り組むべきテーマについて、という内容です。4つの選択肢がありますので、まずはどれを選択するかを考えましょう。

　選択肢が4つあるのは、受験生の立場が様々なので、その立場に合わせて選択できるように、という意図でしょう。単純に言えば、①②は「コンクリートの製造における」ですので、生コン製造者向けでしょうし、③④は「コンクリート構造物における」ですので、施工者向けでしょう。ただし、自分が属している立場に限定されているわけではないので、説明しやすい内容を選択すればよいです。

　この問題の場合、「項目Aと項目Bの両立」がすべてに共通しているので、単純に考えれば両立しにくいものを「コンクリート主任技士として取り組むべきテーマ」としてどのように両立させるか、を問われていると考えることができます。

　設問の、

　　（2）選択したテーマに関する技術的な課題

(3) 技術的な課題に対して、あなたが考える解決策と展望

からも、両立のためには技術的な課題があり、その上でその解決策と今後の展望を述べることが必須であると考えられます。両立と設定されている以上、一方を立てるともう一方が立ちにくい（これが多くの場合技術的課題となる）方が書きやすいかもしれません。

　例えば、②では、「品質の安定」と「環境負荷低減」の両立なので、

　　「環境負荷低減」のためには産業廃棄物の再利用を進めるべきだが、

　　「品質の安定」のためには使用材料の品質が安定していた方がよく、

　　産業廃棄物は品質が安定していないので使いづらい、

というようなことが考えられます。

　③についても、「耐久性の向上」と「環境負荷低減」の両立なので、似たような形になるでしょう。

　また、①コンクリート製造における「品質の確保」と「省力化・効率化」の両立や、④コンクリート構造物における「現場施工の効率化」と「品質の確保」の両立 については、コンクリート製造とコンクリート構造物と違いはありますが、「品質の確保」と「効率化」の両立であることは同じです。あまりに効率化を進めると、品質の確保に問題が出る場合がある、というところに両立の課題がありそうです。もしくは、両立を目指して、プレキャスト化という方法もありますが、その方法そのものにコストなどの課題があるかもしれません。

　いずれにしても次に (2)、(3) を書く必要があるわけですから、これらが書けるかどうかを考えてテーマを選択する必要があります。

(2) 選択したテーマに関する技術的な課題

　これについては、技術的な課題の前に、どのような技術かを説明する必要があります。その説明を踏まえて、技術的な課題がこういう点で生じる、という流れにすればよいかと思います。これは知識がないとどうしようもないので、その知識を蓄えておくことは必須です。

　ただ、この項目の指定行数は 6 行〜8 行なので、それほど多くの内容は書けそうにありません。技術そのものの説明を長々と述べると、技術的課題が述べられなくなる可能性があります。ここで求められているのはあくまでも技術的課題ですので、技術的課題の説明に必要不可欠な内容のみを説明する方がよさそうです。技術の詳細については、(3) が行数 11 行〜15 行と多いので、そちらで述べつつ、

(3) で求められている解決策と展望につなげていけばよいでしょう。

(3) 技術的な課題に対して、あなたが考える解決策と展望

　ここでは (2) で示した技術的な課題について、どのような**解決策**があるかを説明するわけですが、それほど画期的な解決策があるわけではないでしょうから、一般的な解決策を示すことになろうかと思います。その際に、技術的課題の理由について説明をした上で解決策を示せば、より説得力が増すでしょう。(2) では行数が少なく、技術的課題の詳細や理由についてあまり述べられないので、ここでそれらを述べつつ、解決策につなげるわけです。もしくは逆に、先に解決策を述べ、それが解決策になる理由をあとで述べる方法もあるでしょう。

　そしてその上で**展望**として、「これらの両立は今後も求められると予想される（取り上げられるテーマは多くがそういうものと思われます）ので、よりよい解決策を模索するなどの努力を今後も続ける必要がある」といった形で締めるぐらいでしょうか。もちろん、この努力の方法を具体的に書ければベターです。

　以下の準備メモ例、解答例では、②のコンクリート製造における「品質の安定」と「環境負荷低減」の両立を選択しました。

　(2) 技術的課題では、「品質の安定」がある意味当然のこととして求められることですので、「環境負荷低減」のために廃棄物の再利用をする→「品質の安定」が難しくなる、という骨格を考えました。この考えをもとに廃棄物の例として再生骨材を挙げ、「環境負荷低減」になることを述べ、しかし、「品質の安定」が難しくなるということを**技術的課題**としました。

　(3) 解決策と展望では、(2) を踏まえた上で、どのように両立させるかについて、**解決策**を最初に述べています。一方で現状はどうなのかを述べて、具体的な解決策とそのデメリットを述べているという流れになっています。

　展望については、出題されたテーマに関連している以上、今後不必要になるものはないと思いますので、「今後も（このテーマや課題の解決が）重要になるので、進めていくべき」というような形でまとめました。

2019 年度　問 2

準備メモ例
（1）②「品質の安定」と「環境負荷低減」の両立 （2） 「環境負荷低減」 　このための方法として、 　　（「コンクリート製造における」なので、新規のコンクリート対象） 　廃棄物の再利用　→品質の安定が難しいが 　　再生骨材の利用　これに絞るか？ 　　フライアッシュなどの産業廃棄物由来の材料の利用 　廃棄物の排出低減（これは品質とは関係ないか？） 「品質の安定」 　スランプの安定、強度の安定 　密度、表面水率の管理　再生骨材だと難しい （3）しかし環境負荷低減を考えると、再生骨材を使用していく必要がある。 　リサイクルを考えると、再生骨材を路盤材のみに使用するわけにもいかない （現状に関する説明）再生骨材 JIS 化　H、M、L 　再生骨材を使用したコンクリートを安定的に生産できるようにする必要がある。 　品質が安定しない理由は何か？ 　　コンクリートガラの説明も含む 　　吸水率が安定しない、表面水率も安定しない。

解答例

1　(1)②

　(2)コンクリート製造における「品質の安定」と「環境負荷低減」の両立を考えるうえでの、再生骨材の使用について述べる。再生骨材はコンクリート構造物の解体時に

5　発生するコンクリートガラを原料としている。これを使用することで廃棄物の削減となり、環境負荷低減が可能である。しかし、再生骨材を使用してコンクリートを製造すると、スランプや強度などの品質が安定しない問題点が生じることがあり、これが技術的な課題である。

10　(3)この技術的課題に対する解決策として、再生骨材の品質の管理を徹底することが挙げられる。再生骨材は、様々なコンクリート構造物から排出されるため、そもそも品質が安定しない。JISでは品質がH、M、Lと分けられており、これらの品質の分類を徹底する必要がある。

15　その上で、通常のコンクリート用にHを、低品位なコンクリート用としてM、Lを使用するといった管理の徹底が必要になる。しかし、それぞれのサイロが必要になり、管理の手間が増すというデメリットもある。

　　再生骨材は、現状では路盤材にほとんどが再利用され

20　ているが、今後の展望を考えると、再度コンクリートに使用する用途を拡大することは環境負荷低減には必要なことと思われる。このため、デメリットはあるものの、品質を落とすことなく再生骨材をコンクリートに再利用

24　できる管理方法を今後も構築していく必要がある。

　以下の問 1 および問 2 について、それぞれ指定された行数（1 行 25 文字）で記述しなさい。

問 1 （コンクリート技術に関連する業務に関する問題）

　あなたが従事しているコンクリート技術に関連する業務（以下、業務）を取り上げ、以下の項目について具体的に述べなさい。

　（1）あなたの立場と業務を表す表題（2 行以内）

　（2）業務の内容（7 行～ 10 行）

　（3）業務の中で、あなたが特に力を入れていること、その方法（8 行～ 12 行）

問題の注意点

　これは 2019 年度とほぼ同じ内容で、典型的なコンクリート業務に関する出題です。このため、ここでは解答例は特に示しませんが、これを解くことによって、問 1 に対する試験対策になりますので、必ず**自分の業務の解答**を作って欲しいと思います。もちろん、試験の際にはこれとは異なる問われ方、例えば 2018 年度の「技術的なトラブルあるいは失敗の事例」や、2016、2015 年度の「技術的課題に対応した事例」もあります。それらも自分の業務が土台にあってこそ答えられる内容ですので、必ずこの過去問の解答を作成してください。

> 問 2　（コンクリート主任技士として今後取り組むべきテーマに関する問題）
>
> 　「自然災害」、「少子高齢化」、「IT（情報関連）」、「持続可能な社会の構築」
> の 4 つのテーマの中からひとつを選び、以下の項目について具体的に述べな
> さい。
>
> 　(1)　選んだテーマ（1 行）
>
> 　(2)　選んだテーマに関して、あなたの知識および経験、あるいはどちらか
> 　　　一方を具体的に述べなさい。（10 行〜 15 行）
>
> 　(3)　選んだテーマに関して、あなたが "コンクリート主任技士として" 今
> 　　　後どのような貢献ができるかを具体的に述べなさい。（6 行〜 8 行）

問題の注意点

　（コンクリート主任技士として取り組むべきテーマに関する問題）ということで
は、2018 年度や、2019 年度と同じです。

　テーマとして 4 つあるわけですが、このうちどれを選択したらよいでしょう
か？　まず、それを考えてみましょう。

　(1) で選んだテーマを書きますが、その後の (2)、(3) で問われている内容も
視野に入れて、テーマを選ぶ必要があります。

　(2) で問われているのは、そのテーマに関する**知識**または**経験**です。つまり、
そのテーマに関する説明や、そのテーマに関連して体験したことを書く必要があ
るわけですから、知識がなく説明できないテーマや、経験のないテーマは選択で
きないことになります。また、(3) とのつながりも考えると、コンクリートに関
連するような内容もある程度は説明する方がよいでしょう。よく見ると、(2) の
方が求められている行数が (3) よりも多いので、(2) でもコンクリートの内容
に触れた方が行数を多くできると思います。

　そして、(3) で問われているのは、「コンクリート主任技士として」今後でき
そうな**貢献**です。(2) でコンクリートとの関連を触れておけば、その内容を踏ま
えて発展させた形で改善方法を述べていくと、論文の流れもよいですし、貢献に
もつながると思います。

　例としては下記のような感じでしょうか。このような**小論文の骨格**を先に考え
るか、**キーワード**が先になるかはテーマによると思いますが、ここでは骨格を先

に示してみました。

(1) テーマとして「自然災害」を選択して、
(2) では、自分の経験した、もしくは見聞きした**自然災害**を説明し、それとコンクリートとの関連も説明し、
(3) では、そういった**自然災害**を少なくするために、今後のコンクリートの活用方法を提案する（ダムを増やすのは現実的ではないので、早期復旧のための方法など？）。

(1) テーマとして「少子高齢化」を選択して、
(2) では、**少子高齢化**のために現場労働者が少なくなっているという経験を説明し、現場でのコンクリート打設の状況を説明する。
(3) では、高流動コンクリートやプレキャスト化などで現場の効率化を図り、**少子高齢化**に伴う現場労働者が少ない状況に対応していきたい、という貢献を説明する。

(1) テーマとして「IT（情報関連）」を選択して、
(2) では、**IT**とはどういうものなのか説明して、さらに現状ではコンクリート業務に関連してどのように活用されているか説明して、
(3) では、そういった**IT技術**の活用方法として、今後新しくやれそうなコンクリート打設の際の現場管理などの例を挙げて貢献できることを説明する。

(1) テーマとして「持続可能な社会の構築」を選択して、
(2) では、**持続可能な社会の構築**のためには、廃棄物の再利用が重要であることを説明して、さらに、コンクリートにおいては現在どのようなものが使用されているか説明して、
(3) では、現在使用されているもののデメリットを説明しつつ、対策も示しつつ、これらを使用して今後の**持続可能な社会の構築**に貢献していくか説明する。

　ちなみに、この中の「持続可能な社会の構築」については、関連した内容がこれ以降の年度でも以下のように取り上げられています。
　　2018年度「コンクリート分野における環境負荷低減」

2019 年度 ②コンクリート製造における「品質の安定」と「環境負荷低減」の両立

　　　　　③コンクリート構造物における「耐久性の向上」と「環境負荷低減」の両立

2020 年度「コンクリート分野における環境負荷低減」

　このため、今後も出題される可能性は高そうですし、重要となるテーマと思います。

　以下の準備メモ例、解答例では、テーマ「IT」を取り上げてみました。先ほどの案のように、

(2) では IT そのものについて説明しつつ、現場での状況を説明しています。

(3) では、**コンクリートに関連付けて**、今後の希望も含めて、このようなことをやれば貢献になるのでは、という内容をまとめています。

2017 年度　問 2

準備メモ例
(1) IT（情報関連）
(2) スマホ　情報関連技術　（10 行〜 15 行）
この技術の根幹はデータのやり取り
図面の一元管理
データの共有
現場では管理上 ipad で行っている。
BIM による方法
現場ではコスト面もあってそこまではいってないか。
そのデータをもとに次の計画を立て、さらにそれを共同利用
AI まで持っていければ、自動化が視野に入る。
(3) コンクリート主任技士として、
コンクリート打設の現場管理
生コンの配車
打設量の計測管理
現状の IT では力不足　ノウハウもない
貢献と考えると、ノウハウの蓄積？

違う仕事が増えて大変

しかし今後のことを考えるとやっていきたい。

2017 年度　問 2

解答例

(1)IT（情報関連）

(2)近年、スマホに代表されるIT（情報関連技術）の進化が著しい。この技術の根幹はデータのやり取りであり、現在、現場管理においても従来の紙ベースの図面ではなく、タブレットによる図面での打合せが一般的となっている。データさえ作れば、その後の修正も非常にしやすく、省力化、効率化に大きく寄与する。しかし、図面やデータにできる分野においてはその成果が大きいものの、実物を扱うコンクリートの打設関係についてはまだ寄与できるところは少なく、生コンの配車計画やコンクリートの必要量の図面からの計算等にとどまっている。コンクリート打設をITによって自動化するとすれば、型枠内のコンクリート打設量を随時計測し、必要量を見極め、さらにどの地点からコンクリートを打設すべきかの判断もその計測結果から随時判断し自動で打設できるようなシステムも可能であると考えらえる。

(3)コンクリート主任技士として、IT技術を活用したこのようなコンクリート打設現場の管理を行っていきたい。現状では、このような技術のノウハウも蓄積されておらず、現場への適用はコスト的にも技術的にも割に合わない。しかし、今後労働者不足に陥ることを考えれば、今からそのノウハウを蓄積していくことはその進化のために価値があることと考えられる。この方法が標準となるような貢献をしていきたい。

2016 年度

　以下の問 1 および問 2 について、それぞれ 450 〜 600 字で記述しなさい。

問 1（これまでの経験に関する問題）

　あなたがこれまでに携わったコンクリートに関する業務のうち、あなたの知識や経験を活用して技術的課題に対応した事例を一つ取り上げ、以下の（1）〜（4）の項目毎に具体的に述べなさい。

　（1）業務内容を表す表題

　（2）あなたの立場

　（3）技術的課題の内容と対策

　（4）講じた対策に対するあなた自身の評価

問題の注意点

　（これまでの経験に関する内容）とありますが、これも基本的には業務内容に関する問いですので、対策として業務内容を文章化しておくことが重要です。

　ただし、この問題では、コンクリートに関する業務なら何でもよいのではなく、**「技術的課題に対応した事例」**と限定して問われています。このように解答すべき業務内容が限定されることはよくあることなので、いくつかの業務を解答できるようにしておく必要があります。

　この問題では、「(1) 業務内容を表す表題」「(2) あなたの立場」が問われています。こちらは文章である必要はないでしょう。その後、(3) では技術的課題とそれへの対策を述べることになります。文章としては、

　　○○という**技術的課題**が生じた。

　　（その理由やなぜ生じたかなどの課題の詳細を述べて）

　　対策として〜〜を行った。

という流れになるでしょう。もちろんその課題に対して、その対策が適切であるということも問われるでしょうから、それには知識が必要です。

　その後、(4) では評価を書くわけですから、

　　以上のような対策を行った結果、〜〜という状況になった。

　　（よって）

この対策は効果があったと高く**評価**できる。

という骨格をもとに、内容を詰めていくことになると思います。

　なお、(1)〜(4)の各設問に**行数指定がない**ところも、現在の出題形式とは異なる点です。これについては、準備メモのところで述べたように、あらかじめどのぐらいを割り振るか考えておく必要があります。設問を変えるときに行替えをしますので、行数で考えた方がわかりやすいでしょう。

　この問題では、(1)は表題なので1行、(2)は立場なのでこちらも1行程度でしょう。よって、(1)、(2)で2行になったとして、残りは22行となります。(3)と(4)はこの問題のメインですので、分量が多くなるのは当然として、この22行の中でどちらをどのぐらいにするかを考える必要があります。(3)は、技術的課題そのものを詳しく述べればよいので、知識にせよ経験にせよ書きやすいと思います。そのため、こちらを半分以上の11行〜14行程度にして、(4)は残りの8行〜11行程度となるでしょうか。

　今後、このような出題形式に戻ることもなさそうな気もしますが、このような分配はできるようにしておくとよいと思います。

　以下では、準備メモ例、解答例を示します。

2016年度　問1

準備メモ例

（1）業務内容を表す表題：1行

　　高強度コンクリートの製造・納入

（2）あなたの立場：1行

　　生コンの品質管理担当

（3）技術的課題の内容と対策：14行

（技術的課題）

　　高強度コンクリートの納入時に沈みクラックが発生した

　　　現場でのスランプフロー値が60　管理値55

　　　　気温が低いにもかかわらず混和剤添加量が多かった

　　凝結の遅延→表面沈下→沈みクラックの発生

（対策）

　　スランプフロー値を安定させる。

　　　適切な混和剤量

　　　　使用材料の品質管理　細骨材の表面水率
　　　　出荷時のフロー測定頻度
　　　コテ仕上げ
（4）講じた対策に対するあなた自身の評価：8行
　　　スランプフロー値の安定→評価
　　　　現場でもコテ仕上げを徹底したらしい
　　　フローロスは見られた
　　　　気温変化に対応てきるようにする必要がある。

2016 年度　問1

解答例

```
1  (1)高強度コンクリートの製造・納入
   (2)生コンの品質管理担当
   (3)私が直面した技術的課題として、高強度コンクリート
   の納入時に沈みクラックが多く発生した事例がある。こ
5  のコンクリートは、スランプフロー値55として管理を行
   っていたが、打設時期が4月初旬でありその日の気温が
   低く、現場でのスランプフロー値が60と大きくなった。
   この原因は、気温に対して混和剤の添加量が多かったた
   めであり、これによってコンクリートの凝結が遅くなり、
10 コンクリート表面が沈下し、沈みクラックの発生の原因
   となったと考えられた。この対策として、スランプフロ
   ー値を安定させる必要があると考えた。気温に対応した
   適切な混和剤添加量を確立するために、試験練りを再度
   行うとともに、使用材料の品質管理を徹底した。さらに、
15 工場出荷時におけるフロー測定の頻度をそれまでの倍と
   した。
   (4)以上のような対策を行った結果、ほぼスランプフロー
   値が安定したコンクリートを納入することができた。対
   策後には沈みひび割れは生じなくなっており、これは現
20 場ではコテ仕上げを重点的に行うこととしたとも聞いて
21 いるが、良い対策であったと評価している。ただし、若
```

22	千	の	フ	ロ	ー	ロ	ス	は	見	ら	れ	、	温	度	が	大	き	く	変	わ	る	夏	や	冬	に
	お	い	て	も	安	定	し	た	フ	ロ	ー	で	納	入	で	き	る	よ	う	に	、	混	和	剤	添
24	加	量	の	検	討	を	行	っ	て	い	く	必	要	が	あ	る	。									

2016 年度　問 2

> 問 2（最新技術に関する知識およびその応用に関する問題）
>
> 　コンクリートの材料、製造、コンクリート構造物の設計もしくは施工に関する最近の技術的進歩を一つ取り上げ、以下の（1）および（2）の項目について述べなさい。
>
> 　（1）技術的進歩の内容と特徴
>
> 　（2）コンクリート主任技士として、その技術的進歩をどのように活用できるかについて、あなた自身の考え

問題の注意点

　問1でも説明したように、2016年度は現在の出題方式と異なり、設問（1）（2）に**行数の指定がありません**。このため、準備メモの段階で、各設問にどのぐらいの文字数もしくは行数を割り当てるかを明確にしておく必要があります。なお、この問題中には文字指定がありませんが、問1、問2を合わせて冒頭に「それぞれ450～600字で記述しなさい。」（これがつまり25文字×18行～24行）という記述がある形式でした。

　この問題では、2つの項目しかなく、両方とも内容にボリュームがありそうなので、半々で300字－300字（12行－12行）が目安でしょう。どちらかといえば（2）の方が書きにくそう、という気もしますので、400字－200字（16行－8行）ぐらいまでなら何とか許容範囲か、という気がします。さらに少なくなって、（2）が付け足しのようになるとそちらは減点になるかもしれません。

　さて、内容について考えます。

　「コンクリートの材料、製造、コンクリート構造物の設計もしくは施工に関する最近の技術的進歩」ですので、コンクリートに関連していれば、どんな技術を書いてもよいと思います。

　いずれにしても、取り上げた「最近の技術的進歩」1つについて、規定文字数に達する程度には、「(1)内容と特徴」を書く必要があります。さらに、それを

踏まえた上で「(2) その技術的進歩をどのように活用できるか」について書く必要があるので、この両方が書けるようなテーマを自分で設定する必要があります。

「(1) 内容と特徴」については、知識ですので、四択問題でも学習した内容をそのまま書けばよいと思います。文章の流れとしては、

(**内容**について)

　取り上げる技術的進歩の名称を述べ、

　その技術がどういうものか、説明する。

　(特徴はこの後に述べるので、どちらかといえば製造方法など、モノとしての説明を主に。)

(**特徴**として)

　従来のものとどのような違いがあるのか。

　メリットは何か。

　デメリットは何か。

というようなことを書けばよいので、文章としては下記のような感じになるでしょうか。

　技術的進歩として、○○を取り上げる。

　○○は、〜〜というものである。

　従来のものと異なり、△△といった特徴がある。

　これを使用するメリットとしては××がある。

　一方でデメリットとして□□が挙げられる。

　ただし、(2) で活用について述べる際に、メリットやデメリットについて詳しく述べる必要があるかもしれません。その場合、(1) で詳しく述べると、内容が重なってしまうことになりますので、あまり詳しく述べるとよくないでしょう。しかし、それで文章量が少なくなっては困ります。重要なことは繰り返し述べても構いませんので、(2) で取り上げるであろう内容については、(1) では気持ち少なめに、ぐらいに考えればよいでしょう。

　「(2) その技術的進歩をどのように活用できるか」については、(1) での説明内容を踏まえる必要があります。当然ですが、全く別のことを述べていたら小論文としてつじつまが合いません。また、「コンクリート主任技士として、」という文言もありますので、**自分の業務との関連**で、その技術をどのように活用できるか、という内容を書く必要があります。もし自分の業務との関連が少ないのであ

れば（そういう技術をテーマとして選ぶべきでないと思いますが）、社会情勢を説明しつつ、その関連においてその技術的進歩の活用を述べていくとよいでしょう。

　以下に準備メモ例、解答例を示します。

　ここでは、技術的進歩として、ポーラスコンクリートによる道路舗装を取り上げました。そのため、(1) ではその内容について説明をするわけです。まず、ポーラスコンクリートの**特徴**の説明をし、次に道路舗装としての**特徴**を説明しています。さらにデメリットについても説明するという流れにしました。このデメリットは主にポーラスコンクリートそのもののデメリットなので、はじめのポーラスコンクリートの特徴の説明のときにしてもよいかもしれません。

　(2) では、自分の業務で求められている課題を書いた上で、(1) で述べたポーラスコンクリートのどの**特徴を活用**してその課題を解決していくか述べています。最後に、「コンクリート主任技士として、」という文言を使いつつ、この技術を使っていきたいという形で締めくくっています。

2016 年度　問 2

準備メモ例
(1) 技術的進歩の内容と特徴 　ポーラスコンクリートを用いた道路舗装 （ポーラスコンクリートの説明） 　内部に空隙を含む　水を通す　ゲリラ豪雨対策 　保水性　温度の上昇低減 （道路舗装について） 　コンクリート舗装として耐久性大　←→アスファルト舗装 デメリットは？ 　　　品質管理が難しい　空隙率の確保　強度の確保　両立 (2) その技術的進歩をどのように活用できるかについて 　道路の設計・施工　環境に対する配慮が不可欠 　　ポーラスコンクリート 　　メリット　透水性　ゲリラ豪雨対策 　　　　　　　保水性　ヒートアイランド対策 　　　　　　　耐久性 　デメリット　コスト　品質管理

内容が重なる部分が大きい

内容をどう分割するか？

2016年度　問2

解答例

1 (1)最近の技術的進歩として、ポーラスコンクリートによる道路舗装について述べる。ポーラスコンクリートは、従来のコンクリートと異なり、内部に空隙を持ったオコシ状のコンクリートである。空隙があるため、透水性が
5 あり、雨水を地面に浸透させることができる。また、保水性もあり、舗装の気温上昇を抑制できる機能も持っている。これらは従来のアスファルト舗装やコンクリート舗装にはない特徴である。また、コンクリート舗装の一種であるため、アスファルト舗装に比較して耐久性があ
10 り、修繕回数を減らせるメリットもある。

　　一方で、コストが上昇し、品質管理も従来のコンクリートに比較して難しいというデメリットもある。特にポーラスコンクリートでは、空隙率が透水性や保水性にとって重要であるが、強度とは両立しないため、これらの
15 管理が難しいと聞いている。

(2)道路の設計・施工においても環境に対する配慮が求められるようになってきている。ポーラスコンクリートを活用することで、透水性を生かしてゲリラ豪雨時の都市部の冠水対策、保水性を生かしてヒートアイランド現象
20 の抑制が見込める。耐久性が高いことから維持管理費も抑制できる。このような特徴・利点を持つポーラスコンクリートを広く採用できれば、環境的にも道路管理上もメリットが大きいため、コンクリート主任技士として積
24 極的に採用したいと考えている。

2019 年度　問題 I（建築）

竣工後 45 年経過したピロティを有する RC 造建築物において、写真 1 〜 4 に示す変状が生じている。表 1 にはこの建築物の概要、図 1 には外部柱および内部壁のコンクリートに含まれる全塩化物イオン量分布と中性化深さの調査結果を示す。これらの変状に関する以下の問いに合計 1000 字以内で答えなさい。

[問 1] 建築物に生じた写真 1 〜 4 に示すそれぞれの変状の原因を推定し、その推定理由を述べなさい。

[問 2] 図 1 に示すような全塩化物イオン量の分布となった理由、および外部柱と内部壁で分布の相違が生じる理由を述べなさい。

[問 3] この建築物は、今後 20 年間供用する予定である。この建築物に必要な調査の項目、劣化対策及び対策後の維持管理計画について提案しなさい。

写真 1　1 階ピロティ部直上の
2 階床スラブ下面の変状

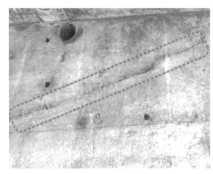

写真 2　内部壁（屋内）表面の変状

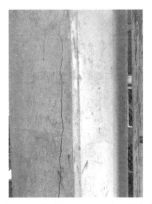

写真3　1階ピロティ部にある外部柱
　　　表面の変状

写真4　外部壁表面の変状

表1　建築物の概要

竣工年および用途	1974年竣工 公共施設（市役所）
立地および周辺環境	沖縄県 海岸から0.5km離れた市街地
コンクリートの使用材料 および配(調)合	粗骨材：石灰石砕石 細骨材：石灰石砕砂および海砂の混合砂（混合質量比55：45） セメント種類：普通ポルトランドセメント 設計基準強度：21N/mm² 水セメント比：60% スランプ：18cm
設計かぶり（厚さ）	床スラブ下面　30mm（写真1） 内部壁　　30mm（写真2） 外部柱　　40mm（写真3） 外部壁　　40mm（写真4）

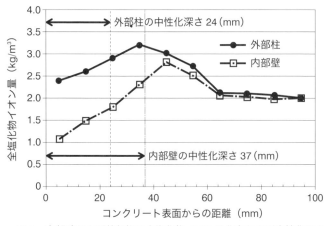

図1　内部壁および外部柱の全塩化物イオン量分布および中性化深さ

2019 年度　問題Ⅰ（建築）

準備メモ例

［問1］

写真1　床スラブ下面　コンクリート剥離　鉄筋の腐食？

　　　　表1では海岸から0.5km　飛来塩分による塩害？

　　　　　　　　　　　　　　　＋海砂の使用　内部にも塩分？

　　　　図1　全塩化物イオン量が内部で2.0kg/㎥以上

　　　　　　→内部に塩分　海砂によるものか。

　　　　表面の方は少し低いが、中性化深さの近辺で最大

　　　　＝フリーデル氏塩の分解・濃縮

写真2　内部壁に斜めひび割れ　コールドジョイント○

写真3　外部柱　柱の軸に沿ってひび割れ

　　　　　　→主筋の腐食？アルカリ骨材反応も考えられる？

　　　　表1、図1からすると塩害による腐食か。アルカリ骨材反応の要因

　　　　は見受けられない。周囲に亀甲状のひび割れもない。

写真4　外部壁　窓の角から斜めひび割れ　乾燥収縮による○

［問2］

　　内部　塩分量多い：海砂による塩分あり？

　　外部柱表面　飛来塩分→塩分大　外部：中性化は進行しにくいはず

内部柱表面　飛来塩分はない　内部：中性化は進行しやすいはず

中性化深さの少し奥で最大→フリーデル氏塩の分解・濃縮

［問3］

20年の供用はそれほど長くない。

　根本的な方法としては、脱塩工法？　電気防食？　そこまでは不要？

内部柱　中性化は鉄筋に達している　塩分も多い

外部柱　中性化は鉄筋に達していない　塩分は多い

　いずれも鉄筋は腐食が進んでいるはず。これを調査する？

簡単な対策でよい？　内部に塩分がある以上、表面被覆は意味なし

鉄筋の発錆の状況によるか。

　軽い場合は？

　ひどい場合は？

写真2や4のものも補修？

文章量　40行　割る3で各問13行前後

［問1］1〜4と多い　16行各4行ぐらい？　1、3は多め？

［問2］　12行　内部塩分とフリーデル氏塩で半分ずつ？

［問3］　12行

診断士

解説

［問1］

　問われているのは、写真1〜4の原因とその推定理由ですから、写真の状況をよく観察して原因を推定する必要があります。すぐにわかる典型的なものもあれば、原因がいくつか考えられるものもあります。後者の場合は、裏付けを他の資料からも考えましょう。

［問2］

　図1の全塩化物イオン量の分布の理由を考えるわけですが、まずは、どこに着目するかが問題になります。四択問題で学習ができていれば、奥の方でも全塩化物イオン量が高いことや、飛来塩分があるはずなのに表面の全塩化物イオン量が内部より低くなっていることなどに目が行くと思いますし、その原因も推定できるでしょう。

[問3]

　20年をどうとらえるかによって挙げる項目は変わってくると思いますので、立場を明確にした上で述べる必要があります。

　また、行数的には難しいと思いますが、写真1〜4全てに対する対策を挙げるべきなのか？ についても考えています。ここでは、最も重症であろう、写真1と3の塩害とそれに伴う鉄筋腐食について主に述べるものとして考えています。

2019年度　問題I（建築）

解答例

```
1  問 1  写 真 1 お よ び 3 の 原 因 は 塩 害 と 考 え ら れ る 。写 真
   1 で は 、鉄 筋 が 腐 食 膨 張 し て コ ン ク リ ー ト が 剥 離 し て い
   る 。写 真 3 で は 柱 の 軸 に 沿 っ た ひ び 割 れ が 生 じ て お り 、
   こ れ は 内 部 の 主 筋 が 腐 食 し た た め に 生 じ る ひ び 割 れ で あ
5  る 。こ れ ら の 鉄 筋 腐 食 の 原 因 が 塩 害 で あ る 。こ れ は 、表
   1 に お い て 使 用 さ れ て い る 材 料 と し て 海 砂 が 挙 げ ら れ て
   い る こ と と 、図 1 に お い て 全 塩 化 物 イ オ ン 量 が 全 域 に わ
   た っ て 規 制 値 で あ る 0.3kg/m³ 以 上 と な っ て い る こ と か ら 推
   定 で き る 。
10   写 真 2 の ひ び 割 れ は 、内 部 壁 に 斜 め に 入 っ て お り 、こ
   れ は コ ン ク リ ー ト 打 設 時 の コ ー ル ド ジ ョ イ ン ト に よ る も
   の で あ る 。打 設 時 に 先 に 打 っ た コ ン ク リ ー ト が 硬 化 し た
   後 に 次 の コ ン ク リ ー ト を 打 設 す る と こ の よ う に な る 。
    写 真 4 の ひ び 割 れ は 、外 部 壁 の 窓 枠 の 角 か ら 斜 め に 入
15 っ て お り 、こ れ は 乾 燥 収 縮 に よ る ひ び 割 れ の 典 型 的 な も
   の で あ る 。
   問 2   図 1 で は 、表 面 か ら の 距 離 60mm 以 上 の 内 部 の 全 塩
   化 物 イ オ ン 量 が 、外 部 柱 内 部 壁 と も に 2.0kg/m³ と 規 定 値 で
   あ る 0.3kg/m³ よ り も は る か に 多 く な っ て い る 。こ れ は 、表
20 1 に 示 さ れ て い る よ う に 、使 用 さ れ て い る 材 料 に 海 砂 が
   含 ま れ て い る た め と 考 え ら れ 、内 在 塩 分 で あ る 。一 方 、
   表 面 側 で は 、内 部 壁 に 比 べ て 外 部 柱 の 全 塩 化 物 イ オ ン 量
23 が 多 い 。こ れ は 外 部 柱 が 海 か ら の 飛 来 塩 分 を 受 け た も の
```

である。さらに、外部柱内部壁ともに中性化深さから10mm程度内部に全塩化物イオン量の最大値が見られる。これは、中性化が生じた部分のフリーデル氏塩分が分解され、それが中性化深さよりも奥の部分で濃縮されるために生じる現象である。

問3　これまで述べたように、この構造物の根本的な欠陥として内在塩分があり、さらに飛来塩分のある環境下に位置する。よって、根本的な対策として脱塩工法によって塩分を除く方法や、電気防食による腐食防止が挙げられる。ただし、今後20年が供用予定であり、それほど長くない期間と考えることもできる。この場合、現在ひび割れが発生している部分の鉄筋の腐食状況を、コンクリートをはつって調査し、ひどければ腐食部を削って防錆処理を、ひどくなければ防錆処理を行ったうえでコンクリートの断面修復を行う方法も考えられる。この場合、今後の維持管理としては、ひび割れの拡大を注視していく必要がある。

解説

[問1]

　写真1～4の原因と推定理由については、1つ1つ述べる方法もあります。ただ、推定理由の説明時には、劣化状況の説明も必要になりますので、文章は長くなりがちです。よって、1つ1つ述べると文章量が多くなりすぎると考え、ここでは、まとめられるものはまとめて述べることとしました。

　まず、写真1と写真3について、**原因**が同じとしてまとめ、**推定理由**も説明しています（1～9行目）。問2にもつながるので、少し長文としています。

　一方、写真2、写真4は、原因が違うのでそれぞれ説明しています（10～16行目）。写真4については、推定理由の説明は典型的なものということですませています。もちろん詳しく書くことも可能でしょうが、これは文章量が多くなりすぎるとあとで困ると予想して、目安の16行で止めたということです。

[問 2]

　ここでは、図 1 に示される全塩化物イオン量の分布状況について、全体的な説明と、外部柱と内部柱の相違が生じる理由を説明する必要があります。

　まず、図 1 では全体的に量が多いことに着目し、それを説明しつつ、その理由を内在塩分としています（17 ～ 21 行目）。

　続いて、外部柱と内部壁で分布の相違がある理由について説明しています（22 ～ 28 行目）。前半では、表面側の全塩化物イオン量の相違について飛来塩分を理由として説明し、後半では、全塩化物イオン量の最大値についてフリーデル氏塩を理由として説明しています。

　いずれも、図のどこに着目したかを明確にした上で、その理由を述べるようにしましょう。そうでないと理由が理由にならない、ということになりかねません。

[問 3]

　問われているのが「この建築物に必要な調査の項目、劣化対策及び対策後の維持管理計画」ですから、通常であれば、「**調査項目**として～～が挙げられる」「**劣化対策**として～～がある」という形で書き進める方法があります。ここでは、そこまで明確な形では示しにくいため、下記のような内容にしています。

　内在塩分があるので根本的な対策が必要（29 ～ 33 行目）

　ただし、供用期間が 20 年なので、そこまでやらなくてもよいかもしれない、として以下の内容を述べる（34 ～ 40 行目）。

　その場合、腐食状況調査（**調査の項目**）

　　　　　　　　防錆処理、断面修復（**劣化対策**）

　　　　　　　　ひび割れの拡大注視（**維持管理計画として**）

　主として後半で問われている内容に対応する項目を示しているつもりです。

　図1および図2は、山間部に位置する鋼2径間連続非合成鈑桁橋である。この橋梁の概要を表1に示す。

　図2のA部の舗装に変状が生じたため部分打替えを行った際、舗装下の床版上面のコンクリートが写真1のように砂利化していることが確認された。また、図2の斜線部の範囲（B部）の床版下面には、写真2のようなひび割れが見られ、斜線部以外の箇所には同様の変状は認められなかった。そこで、図2の①〜⑥の6箇所において鉄筋近傍のコンクリート中の全塩化物イオン量を調査したところ、表2のような結果が得られた。

　この橋梁について、以下の問いに合計1000字以内で答えなさい。

[問1] B部（A部を含む）における変状の特徴を踏まえ、橋梁全体の中で特にB部の劣化が進行した原因について述べなさい。

[問2] この橋梁を今後30年間供用するための維持管理計画において、計画の立案に必要な調査項目および調査箇所を述べなさい。

[問3] 問2を踏まえて、この橋梁に必要な対策について提案しなさい。

図1　対象橋梁の全景（イメージ図）

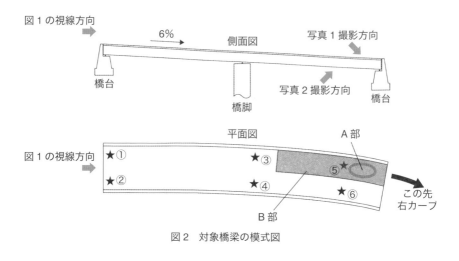

図2　対象橋梁の模式図

表1　橋梁の概要

竣工年	1974 年竣工
道路の種別	国道
場所	山間部（標高約 800m）、寒冷地
形式	鋼 2 径間連続非合成鈑桁橋（3 主桁）、RC 床版
設計活荷重	TL-20（一等橋）
橋長	42.0m
床版厚	21cm
主桁間隔	3.3m
縦断勾配	6%
床版コンクリート	設計基準強度：24N/mm^2、水セメント比：55%
伸縮装置	排水型
床版防水	なし
車線数	2 車線（対面通行）
交通量特性	交通量：3000 台 / 日（上下方向合計） 大型車混入率：20%
採取コアの促進膨張試験（JCI-DD2 法）の結果	全膨張量 0.01％未満（供用後に調査実施）

写真1　床版上面（A部）における砂利化
　　　の状況

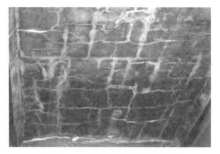

写真2　B部の床版下面の状況

表2　コンクリート中の全塩化物イオン量（kg/m³）

図2中の箇所	①	②	③	④	⑤	⑥
上側の主鉄筋の位置	0.25	0.21	0.18	0.16	9.75	2.51
下側の主鉄筋の位置	1.82	2.45	0.12	0.12	5.77	0.64

2019年度　問題II（土木）

準備メモ例

［問1］

　B部　表2の⑤　全塩化物イオン量が著しく大きい　→塩害

　表1から、山間部、寒冷地　→凍結防止剤の散布による塩分か

　　　　　　　　　　　　　　　　→凍害も

　写真1　スケーリング　凍害

　写真2　縦横のひび割れ　エフロレッセンス

　　　　　凍害？　載荷量過多？　疲労？

　なぜB部のみか？

　　図2を見ると下方向のB部に向かって橋梁上のものは流れていく印象

　　その後右カーブするが、そのままB部に溜まる？

　　水もB部に溜まる。凍結防止剤の塩分も同じ。

　　疲労だとその他の部分にも生じる？

　　促進膨張試験の結果から、アルカリ骨材反応はなし。

［問2］

　今後30年間供用

調査項目

　　凍害について：B部、⑤上下

　　　スケーリングがどの程度の深さまで達しているか調査

　　　水の移動状況の調査　水平方向とともに、上下方向への移動状況も

　　　　→これは塩害もそうか？

　　塩害について：全塩化物イオン量が多いところ

　　　　　　　　　　⑤上下、①②上下、⑥上

　　　塩化物の詳細な状況調査　具体的な名称？

　　　鉄筋の腐食状況調査　塩害が疑われるところ？

［問3］

　B部分に主として対策が必要

　問2を踏まえるなら、劣化の程度にもよる旨を記入

　　表面ははつり取って鉄筋の腐食状況調査　防錆処理の上再打設

　　水分が流入しないような対策　防水？

　ここに維持管理計画＝修繕後の計画が来るべきのような気が…

文章量　40行　割る3で各問13行前後

［問1］　原因全般について説明するなら多めか。16〜20行？

［問2］［問3］2、3は残りを同程度？　12〜10行ずつ

　　　多めに書くなら問2？　調査結果を踏まえるなら問3の方が書けそう？

解説

［問1］

　B部の劣化が進行した**原因**について問われていますから、まずはB部の特徴を調べます。そういった目で見てみると、B部の位置の特徴や全塩化物イオン量の多さがわかると思います。表から寒冷地だとわかりますから、凍結防止剤＝塩分、凍害といったところも想像できると思います。

［問2］

　問1で原因がほぼ推定されているわけですから、それぞれの原因に対して**調査項目**を考えていきます。調査箇所が問われているのは、少し珍しい感じがしますが、これは劣化の状況が場所によって違うためであろうと思います。よって準備メモでは、それに答えるために調査箇所を明確にしつつ、調査項目を設定してい

く必要があります。

[問3]

　対策を述べる場合、調査項目とその結果をもとに考える必要があるので、問2との関連も考えつつ、対策を挙げていけばよいでしょう。

2019年度　問題Ⅱ（土木）

解答例

問1　B部の劣化が進行した原因は、凍害および塩害による複合作用と考えられる。写真1における変状は、コンクリートがボロボロになっており、これは凍害によるスケーリングである。表1からも場所が寒冷地であり、凍害を受けることが予想される。さらに、寒冷地であることから凍結防止剤が散布されることが予想され、これによる塩害が推定される。写真1においてはスケーリング中の鉄筋が腐食している。写真2のひび割れは、疲労によるひび割れとも考えられるが、内部鉄筋の腐食も考えられる。表1において、B部である⑤の全塩化物イオン量が飛びぬけて大きいことからも塩害は裏付けられる。

　これらの凍害・塩害がB部に特に生じた理由について述べる。B部は、図1および図2からみると、直線の傾斜の下部であり、その後右にカーブするものの、上部から流れる水が溜まりやすい場所と考えられる。水が溜まれば、凍害による劣化も生じやすくなる。さらに塩害においても、今回の原因は凍結防止剤による塩分であるため、これが水に溶けて流れた際に、B部に溜まることによって塩化物イオンが濃縮され、塩害がひどく生じたものと推測される。

問2　今後30年間供用するための維持管理計画および補修計画のためには、現況を調査する必要がある。凍害については、A、B部⑤においてスケーリングの状況の深さ調査を行うとともに、橋梁全体について水の流れおよび水の滞留状況の調査を行う。塩害については、B部の

26 | ⑤のみならず、規定値の0.3kg/m³を超えている部分である①、②下部や⑥上部について、鉄筋部より深い部分の全塩化物イオン量の調査を行うとともに、鉄筋の腐食状況の調査を行う。

30 | 問3　スケーリング部分については、その部分をはつり取って、コンクリートで修復する必要がある。この場合、鉄筋の腐食が生じていることが多いので、その状況によっては腐食部分を削って防錆処理を行ったうえで断面修復を行う。水の流れについては、現在は床版防水がなく、

35 | 橋梁全体に水がいきわたることになるので、床版防水を行って、下部には水が流下しないように上部を流すようにコントロールし、適切に排水を行う。塩害については、全塩化物イオン量が多い部分については、その部分をはつり取り、鉄筋に防錆処理を行ったうえでコンクリート

40 | の断面修復を行う。

解 説

[問1]

　文章の流れは、下記のようになっています。

　　B部の劣化の原因（1〜2行目）

　　　推定理由として：A部の写真1の状況、寒冷地、塩化物イオン量（2〜11行目）

　　　特にB部が劣化した理由（12〜20行目）

　疲労も考えたのですが、B部に特に生じた理由が説明しにくく、前半で無理矢理触れましたが、逆に流れが悪くなったかもしれません。

[問2]

　現況調査が必要と述べた上で、（21〜22行目）

　　凍害について　場所、調査内容（22〜25行目）

　　塩害について　場所、調査内容（25〜29行目）

という流れで書いています。

[問3]

　文章を書くことを考えると、調査内容と対策が別項目になっていると少し書き

186

にくいかもしれません。このように分かれていると、

　(2) で調査内容 A、調査内容 B　をまとめて述べた後に、

　(3) で結果 A →対策 A、結果 B →対策 B　を述べるという流れになります。(3) の結果を述べるのに、どうしても調査内容に少し触れる必要があり、書きにくいように思います。

　その意味では、

　　A について：調査内容 A →結果 A →対策 A

　　B について：調査内容 B →結果 B →対策 B

という流れの方が書きやすいような気がするのですが、設問の項目がこのような形になってないので、調査内容から対策までを一貫して述べるわけにはいきません。

　このため、ここでは問 2 を受けて、以下のようにしています。

凍害への対策：スケーリング部分の対策（30 〜 34 行目）

　　　　　　　　水への対策（34 〜 37 行目）

塩害への対策（37 〜 40 行目）

2018 年度　問題 B-1 （建築）

　関東地方の内陸部にある建設後 30 年を経た鉄筋コンクリート造事務所ビルの外壁に、写真 1 に示す仕上げ材の膨れを伴う変状および図 1 に示すひび割れが生じていた。建物の諸元および変状の概要を、それぞれ表 1 および表 2 に示す。以下の問いに合計 1000 字以内で答えなさい。

[問 1] 仕上げ材の膨れの発生原因およびその原因を推定した理由を述べなさい。

[問 2] 図 1 に示す A ～ C の 3 種類のひび割れについて、発生の原因およびその原因を推定した理由をそれぞれ述べなさい。

[問 3] 問 1 および問 2 を踏まえ、この建物を今後 35 年間供用するために必要な調査項目と対策を提案しなさい。

表 1　建物の諸元

	塔屋階目隠し壁	1 ～ 6 階の外壁および塔屋階外壁
コンクリートの設計基準強度	21N/mm² （現場打ちコンクリート）	
骨材の種類	細骨材：砕砂、粗骨材：人工軽量骨材（写真 2）	細骨材：川砂、粗骨材：砕石
壁厚	120mm	180mm
配筋	縦横とも D10 @ 200 シングル	縦横とも D10 @ 200 ダブル、設計かぶり厚さ 40mm
壁仕上げ	・合成樹脂エマルションペイント ・建設後 10 年目にネット入り合成樹脂エマルションペイントで改修（写真 1） ・裏面は打放しで雨掛りあり	打放し仕上げ
その他	屋上はメンテナンスのため人の出入りあり	道路に面している

表2　変状の概要

	塔屋階目隠し壁	1〜6階の外壁および塔屋階外壁
発生時期	・膨れは建設後5年ごろから発生	―
予備調査結果	・外観（写真1） ・膨れ発生箇所の中心部から採取した粗骨材（写真3）の化学成分は、SiO_2 39.3%、Al_2O_3 0.04%、Fe_2O_3 17.9%、MgO 40.6%、CaO 0.19% ・中性化深さの最大値は5mm	・現状のひび割れ状況（図1） ・中性化深さの最大値は20mm

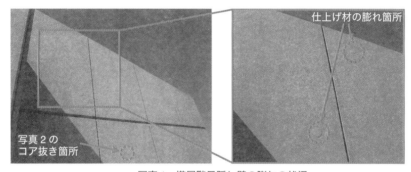

写真1　塔屋階目隠し壁の膨れの状況

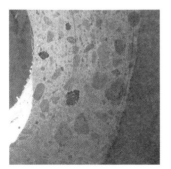

写真2　塔屋階目隠し壁のコア孔
　　　側面の状況

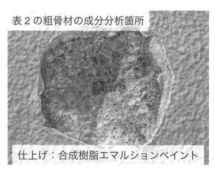

写真3　膨れ発生箇所の状況

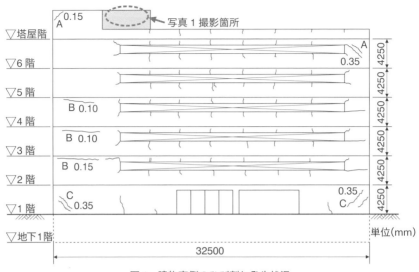

図1 建物南側のひび割れ発生状況
（図中の数値はひび割れ幅、▨は塔屋階目隠し壁）

2018年度 問題 B-1 （建築）

準備メモ例

［問1］仕上げ材の膨れの発生原因およびその推定理由

（劣化状況の文章化→原因の推定）

　　仕上げ材の膨れの状況：点在‐写真1

　　　　　　　　　　　　中央に粗骨材、コーン状の膨れ‐写真3

　　→凍害か？ 質の悪い粗骨材が凍結膨張？ ポップアウト？

　　　しかし関東地方の内陸部だと少し考えにくい？

　　→粗骨材の膨張反応か？

　　　人口軽量骨材？ 化学成分的には怪しい？

（可能性の少ないものも挙げてみる）

　　他の原因は考えられるか？

　　　鉄筋の発錆：錆汁がないから違う？ 点在はしにくい？

　　　アルカリ骨材反応：骨材周囲のリム状の様子がないから違う？‐写真2

　　→いずれも可能性は少ない？

［問2］A〜Cの3種類のひび割れの発生原因およびその推定理由

（ひび割れ状況の文章化として）

190

Ａ：建物上部のハの字型のひび割れ

Ｂ：２～４階の階上部の水平に近いひび割れ

Ｃ：建物下部の逆ハの字のひび割れ

（それぞれの発生理由→推定理由）

Ａ：昼の気温上昇による膨張→こういったビルであれば典型的なもの

Ｂ：打設時のコールドジョイント？→ひび割れが少し斜めになっている？
　鉄筋に沿って入っているとすると鉄筋の発錆？→しかし錆汁がない
　ので可能性は低い？

Ｃ：夜間の気温低下による収縮→こういったビルであれば典型的なもの

［問3］35年間供用するために必要な調査項目と対策

（［問1］の仕上げ材の膨れについて）

　原因の確定がまず必要

　コーンの頂点部分の品質分析、化学分析

　膨張反応だとすれば、膨張の程度、今後の予想

　膨張が今後も生じる？→骨材部分まではつってから修復

　膨張はほぼ停止→はつって落下防止としてモルタルで修復

（［問2］の各ひび割れについて）

Ａ：発生原因についてはほぼ間違いはない

　→気温の変化でひび割れ幅が変化するので、それに追随できる可とう
　性のあるひび割れ補修材を。

Ｂ：コールドジョイント→30年経ていればひび割れが変化することは少な
　いので、通常のセメント系補修材、ひどければＵカットによる補修。こ
　のときに発錆が確認できればそれに対する対処も。

Ｃ：発生原因についてはほぼ間違いはない

　→対策もＡと同じ。

（文字数の分配案）

1000字以内（40行）、3問なので各問に300字程度

多めに書けそうなのは？　長くなりそうなのは問2？　問3？

　［問1］300字：12行

　［問2］400字：16行

　　　（Ａ～Ｃの3種類のひび割れにそれぞれ5行ずつぐらい？）

[問3] 300字：12行

（問1と問2に対応してそれぞれ6行ずつぐらい？）

2018年度　問題B-1　（建築）

ここでは［問1］、［問2］、［問3］に分けて少し細かく説明していきます。

［問1］仕上げ材の膨れの発生原因およびその原因を推定した理由

解答例 ［問1］-A

1	問	1		仕	上	げ	材	の	膨	れ	の	発	生	原	因	は	、	粗	骨	材	の	化	学	反	応
	に	よ	る	膨	張	に	よ	る	も	の	と	推	定	さ	れ	る	。	こ	の	理	由	と	し	て	、
	写	真	3	に	示	さ	れ	る	よ	う	に	、	膨	れ	の	中	心	部	に	粗	骨	材	が	存	在
	し	、	そ	こ	か	ら	コ	ー	ン	型	に	ひ	び	割	れ	が	生	じ	て	い	る	点	が	挙	げ
5	ら	れ	る	。	こ	れ	は	、	中	心	部	の	粗	骨	材	が	膨	張	し	た	た	め	に	生	じ
	た	ひ	び	割	れ	の	形	態	と	み	な	せ	る	。	粗	骨	材	の	化	学	分	析	に	お	い
	て	MgO	が	40.6	％	と	多	く	、	こ	れ	が	反	応	し	た	可	能	性	が	高	い	。

```
　問１　　仕上げ材の膨れの発生原因は、粗骨材の化学反応
による膨張によるものと推定される。この理由として、
写真3に示されるように、膨れの中心部に粗骨材が存在
し、そこからコーン型にひび割れが生じている点が挙げ
られる。これは、中心部の粗骨材が膨張したために生じ
たひび割れの形態とみなせる。粗骨材の化学分析におい
てMgOが40.6％と多く、これが反応した可能性が高い。
　また、コンクリート内部の膨張については、他にも鉄
筋の腐食やアルカリシリカ反応の可能性もあるが、膨れ
が点在していること、錆汁が見られないこと、写真2で
は骨材周囲の反応生成物が見られないことから、これら
の可能性は小さい。
```

解説 ［問1］-A

小論文の流れとして、下記のような流れをイメージできるでしょうか。

　発生原因の説明（1〜2行目）

　その推定理由の説明（2〜7行目）　劣化の状況を文章化

　その他の原因の可能性について（8〜12行目）

準備メモとは異なり、化学反応による膨張を前面に出しています。建物の立地状況から考えて、凍害はパスして書き始めました。粗骨材の化学反応のみですべて書ければ書いてもよいと思いますが、結果、文章量がちょっと足りず、最後に

その他の原因の可能性を付け足すことになった感じです。

　なお、付け足し感が否めなくても、ここでは、12行を目安に書くことを準備メモで考えたわけなので、あとで増やせる自信があるのならともかく、何とかここで12行、最低でも8割、10行あたりまで書いておかないと後が苦しくなります。このことを意識して、内容についても、分量についても、どこまで書くか考え、その上で、次の［問2］に移るようにしなければいけません。

　また、小論文の流れについては、下記のような方法もあるでしょう。

　建物の置かれている状況の説明→原因について、他の可能性の消去

　劣化の状況の説明

　発生原因の明示（これらを理由として）

　この流れで書いてみると、下記のようになりました。

解答例 ［問1］-B

1	問	1		こ	の	建	物	は	関	東	地	方	の	内	陸	部	に	あ	る	建	物	で	あ	る	た

```
 1 問 1 　 こ の 建 物 は 関 東 地 方 の 内 陸 部 に あ る 建 物 で あ る た
   め 、 凍 害 や 飛 来 塩 分 に よ る 塩 害 、 凍 結 防 止 剤 に よ る 塩 害
   は 可 能 性 が 低 い 。 写 真 3 に 示 さ れ る よ う な ポ ッ プ ア ウ ト
   状 の 破 壊 は 、 通 常 な ら 凍 害 で よ く み ら れ る も の と 思 わ れ
 5 る が 、 上 記 の よ う な 理 由 で 発 生 原 因 と し て は 考 え に く い 。
   写 真 3 を よ く 観 察 す る と 、 膨 れ の 中 央 部 に 粗 骨 材 が 存 在
   し て お り 、 こ の 粗 骨 材 が 膨 張 し 、 コ ン ク リ ー ト 表 面 を 押
   し 出 し た た め に ポ ッ プ ア ウ ト 状 の 破 壊 が 生 じ た も の と 推
   定 さ れ る 。 塔 屋 階 目 隠 し 壁 に は 粗 骨 材 と し て 人 口 軽 量 骨
10 材 が 使 用 さ れ て お り 、 こ の 骨 材 の 品 質 が 悪 く 、 通 常 で あ
   れ ば 凍 害 を 受 け な い 環 境 下 で も 凍 害 を 受 け た か 、 化 学 成
12 分 の ど れ か が 反 応 し て 膨 張 し た 可 能 性 が 考 え ら れ る 。
```

解説 ［問1］-B

　こちらの方が日本語の文章の流れとしては一般的かもしれません。**理由を先に述べて、最後に結論としての発生原因を示す**というやり方です。

　ただ、発生原因としての結論を最後に示す関係上、それまでに述べている理由

が結論につながるように説明する必要があります。この文章では発生原因は最後に述べられており、品質の悪い粗骨材の凍害と、粗骨材の化学成分の反応による膨張の2つが挙げられているのが読み取れるでしょうか。

　「発生原因は？」と問われたら、「発生原因は、〜〜である。」と答えるのが一番明確なのですが、文章のはじめに「発生原因は、〜〜である。」と答えてしまうと、あとの文章をつなげにくいこともあります。このため、理由を先に述べつつ、（もしくは可能性の低いものを消しつつ）最後に原因を述べるという方法もあるわけです。しかし、**原因を述べる文章を忘れてはいけない**ことに注意してください。これを削ってしまうと、問題に答えていない文章になってしまって、大幅な減点です。

　また、建物の立地を根拠として、ある原因については可能性が低いこと、もしくは可能性が高いことを述べるという方法は、多くの場合に使える方法と思います。実際の診断時にも立地から可能性について検討することは基本と思いますし、このような内容を、**必要な文章量に応じて適宜加える、あるいは省く、**ということを考えれば、文章量の増減にも対応しやすくなるでしょう。

［問2］A〜Cの3種類のひび割れの発生原因およびその推定理由
解答例 ［問2］-A

1　問2　　Aのひび割れは、建物上部の端部にハの字型に生じている。この原因は、太陽熱によるコンクリートの熱膨張と考えられる。太陽熱を受けて建物上部は膨張するが、地下躯体は膨張せず、上部の膨張を拘束することに
5　なり、上部端部にこのようなひび割れが発生する。
　　　Bのひび割れは、2〜4階の壁の上部に地面とほぼ平行に生じている。少し斜めに生じているようにも見え、これはコールドジョイントによるものと考えられる。鉄筋に沿って入っているようにも見えるので、鉄筋の腐食
10　によるものとも考えられるが、錆汁の様子はないため、可能性は低い。
　　　Cのひび割れは、建物下部の端部に逆ハの字型に生じている。これは、夜間の気温低下時の建物の収縮によるものである。気温が低下してコンクリートが収縮しても

| 15 | 地 | 面 | に | よ | る | 拘 | 束 | が | あ | り | 、 | こ | の | 拘 | 束 | に | よ | っ | て | こ | の | よ | う | な | ひ |
| 16 | び | 割 | れ | が | 生 | じ | る | 。 | | | | | | | | | | | | | | | | | |

解説 [問2]-A

　こちらは素直に、

　　ひび割れ状況の説明

　　　→原因の明示

を最初に行って、その後に

　　A、Cでは、→そのメカニズムの説明（これが<u>推定理由</u>となる）

　　Bでは、　→他の可能性の説明（<u>推定理由</u>は斜めであること。加えて他の可

　　　　　　　　　　　能性に触れている。）

という形です。また、文章の流れを考えると当然ですが、その説明をA、B、C
の順に行っています。

　Bのみ、メカニズムではなく、他の可能性の説明をしています。これは原因推
定を少し迷ったためです。斜めだからコールドジョイント、ということを説明す
るのであれば、斜めになるメカニズムを説明する方法もあると思います。しかし
この場合、それほど斜めでもないですし、コールドジョイントに限定してそので
き方を説明するよりも、他の可能性について触れた方がよいと考えました。もち
ろんこれは、想定した行数の5行に合わせて考えています。もし多く書いてよい
のであれば、コールドジョイントのメカニズムを説明した上で、他の可能性を書
き加えればよいと思います。

　一方で、A、Cはほぼ原因に間違いはないと考え、他の可能性の説明はなしとし、
劣化のメカニズムの説明をしています。文章量としても、A、Cは5行、Bにつ
いては少し長く6行でまとまりました。

　また、他の文章の流れとして、

　　原因の明示

　　　→ひび割れ発生メカニズムの説明

　　　　→ひび割れ発生状況との一致（しているので<u>理由</u>となる）

という方法もあるでしょう。Aのひび割れについて書き換えると、下記のような
形になるでしょうか。

解答例 [問2]-B（一部）

問	2		A	の	ひ	び	割	れ	の	原	因	は	、	太	陽	熱	に	よ	る	コ	ン	ク	リ	ー
ト	の	熱	膨	張	で	あ	る	。	太	陽	熱	を	受	け	て	建	物	上	部	は	膨	張	す	る
が	、	地	下	躯	体	は	膨	張	せ	ず	、	上	部	の	膨	張	を	拘	束	す	る	こ	と	に
な	る	。	こ	の	結	果	と	し	て	、	A	の	よ	う	に	建	物	の	上	部	端	部	に	ハ
の	字	型	の	ひ	び	割	れ	が	生	じ	る	。												

[問3] 35年間供用するために必要な調査項目と対策

解答例 [問3]-A

問	3		問	1	の	仕	上	げ	材	の	膨	れ	に	つ	い	て	は	、	ま	ず	、	推	定	し
た	原	因	が	正	し	い	か	を	調	査	す	る	必	要	が	あ	る	。	こ	の	た	め	、	粗
骨	材	の	化	学	成	分	を	X	線	回	析	な	ど	で	詳	細	に	分	析	し	、	膨	張	の
有	無	、	メ	カ	ニ	ズ	ム	に	つ	い	て	調	査	を	行	う	。	い	ず	れ	に	し	て	も
骨	材	ま	で	は	つ	っ	て	モ	ル	タ	ル	に	よ	っ	て	断	面	補	修	を	行	い	、	膨
張	に	水	が	必	要	で	あ	っ	た	ら	防	水	材	に	よ	っ	て	保	護	す	る	。		
		A	、	C	の	ひ	び	割	れ	は	、	熱	に	よ	る	膨	張	・	収	縮	に	よ	る	も	の
で	あ	る	た	め	、	ひ	び	割	れ	の	幅	が	熱	の	状	況	に	よ	っ	て	今	後	も	変
化	す	る	。	こ	の	た	め	、	ひ	び	割	れ	幅	の	変	化	に	追	従	で	き	る	可	と
う	性	の	あ	る	充	填	剤	を	注	入	す	る	対	策	を	行	う	。	B	の	ひ	び	割	れ
は	、	推	定	し	た	い	ず	れ	の	原	因	に	よ	っ	て	も	ひ	び	割	れ	幅	の	変	化
は	な	い	た	め	、	セ	メ	ン	ト	系	の	充	填	剤	に	よ	る	補	修	を	行	う	。	

解説 [問3]

　こちらの文章の前半（1～6行目）は［問1］に対応した内容です。この文例は、［問1］-Aの文例とつながることがわかるでしょうか。［問1］-Aでは、主として粗骨材の膨張を原因として述べているので、それに対応する調査項目と対策を述べています。

　改行した後半（7～12行目）は、問2に対応する調査項目と対策について述べています。こちらは6行しか書けませんので、A、B、Cについてそれぞれ書こうとすると各2行になってしまいます。これで書けないことはないかもしれませんが、厳しいと判断しました。よってここでは、ほぼ同じ内容になるA、Cについ

てはまとめてしまい、こちらを3行半とし、Bについて2行半としています。

　ここにきて、最初の方で頑張って行数を増やさずに、もっと余らせておけばよかったと思えますが、それはもう仕方がないので、逆になんとか予定行数内で納めるように増減を考えます。このように、文章量を減らす技術として、**同じようなものをまとめてしまう方法**があります。

　なお、この文章をB-1　[問1]-Bの文例とつないだ場合、[問1]-Bで触れている骨材の低品質や凍害の可能性にも触れていないことになり、**つながりのないおかしな小論文**となります。B-1　[問1]-Bの文例とつないだ場合、以下のような感じでしょうか。

解答例 [問3]-B（一部）

1	問1の膨れについては、まず発生原因を確定する必要がある。このため、粗骨材の品質を分析し、この建物のある環境で凍害を生じるか、また、化学分析によって膨張を生じるか調査を行う必要がある。いずれにしても対策
5	として、骨材まではつりモルタルによって<u>断面補修</u>を行
6	い、凍害・膨張防止のために防水材によって保護する。

2018 年度　問題 B-2（土木）

　温暖な内陸部にある PC 単純プレテンションホロー桁橋に、写真 1 〜写真 5 に示す変状が認められた。この橋梁の側断面を図 1 に、断面図を図 2 に、諸元を表 1 にそれぞれ示す。

　この橋梁の変状に関して、以下の問いに合計 1000 字以内で答えなさい。

[問 1] 桁コンクリートの変状の原因およびその原因を推定した理由を述べなさい。

[問 2] 問 1 を踏まえて、この橋梁を今後 50 年間供用するために必要な調査項目と対策について述べなさい。

図 1　橋梁の側断面

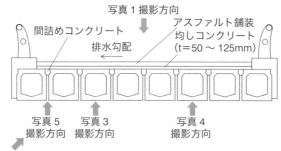

図 2　橋梁の断面図

表1　橋梁の諸元

形式		PC 単純プレテンションホロー桁橋
橋長		18.0m
設計活荷重		T20（1 等橋）
プレキャストコンクリートの設計基準強度		500kgf/cm²
骨材の種類（桁コンクリート）		細骨材：山砂、粗骨材：川砂利
PC 鋼材	主方向	1 T 12.4mm
	横方向	1 T 21.8mm
完成年		1975 年

写真1　路面のひび割れ

写真2　桁下面の状況

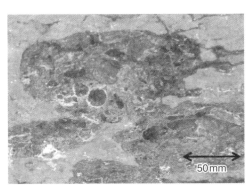

写真3　剥落箇所の状況

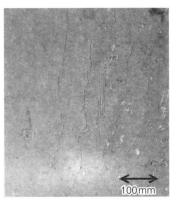

写真4　桁下面の橋軸方向のひび割れ

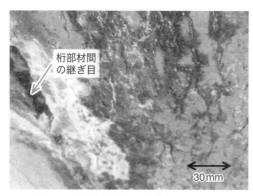

桁部材間
の継ぎ目

30mm

写真5　隣接桁部材との継ぎ目周辺の状況

2018 年度　問題 B-2（土木）

準備メモ例

［問 1］変状の原因およびその原因を推定した理由

（建物の立地状況から原因の検討）

　温暖→凍害の影響なし、凍結防止剤による塩害もなしか。

（各写真の変状の文章化→原因の推定）

　　　写真 1：橋上部・橋軸方向にひび割れ　直角方向は少し？

　　　写真 2：橋下面の軸方向に延びる筋状の剥落、広く剥落

　　　写真 3：広く剥落、骨材露出、骨材周りにリム？

　　　写真 4：橋軸方向にひび割れ　直角方向はなし

　　　写真 5：継ぎ目に白い析出物→エフロ？

　　　　→写真 3 からアルカリシリカ反応か？

　完成年 1975 年はアルカリシリカ反応対策が取られていない時代

　骨材は通常のものではありそうだが…

（ほかの原因は考えられるか？）

→写真 4 の下面の直角方向にひび割れなしから、荷重による疲労ではない？

→中性化は？　ありうるかもしれないが特に資料なし。

［問 2］今後 50 年間供用するために必要な調査項目と対策

今後 50 年間供用→かなり根本的に考える必要がある。

調査項目：

　アルカリシリカ反応が原因であることを調査

　　　調査項目：骨材周りの生成物の成分分析、骨材の分析

　　　　　　残存膨張量の調査、水の流入経路の確認

　　完成後 40 年以上経っているので、残存膨張量は少ないか？

　対策：

　　水の流入経路を断つため、防水材を塗布

　　その前に、ひび割れ補修、剥落箇所をはつって断面修復

　　この劣化によって耐荷性能が低下していないか調査

　　　低下していれば、補強を行う必要もある。これが 50 年と関連？

（文字数の分配案）

1000 字以内（40 行）、2 問なので各問に 500 字程度

［問 1］500 字：20 行

　　ほぼアルカリシリカ反応で書けばよいか。

　　少し疲労について触れる程度？

　　　意外といろいろ書かないと 20 行まで行かないか？ 伸ばす方向で。

［問 2］500 字：20 行

　　調査項目と対策

　　半分ずつぐらい？ 10 行-10 行

解説

　ここでは、問 1 について、先に写真 1 〜 5 の変状を**文章化**してみました。実際には、原因を考えつつ写真を見ていくと思うので、すべてを文章化する必要はないと思いますが、文章化の例として、見てもらえばと思います。もちろん、文章化までしなくても、写真全体を見てどういう状況なのかを確認することは必要です。

　ここでは写真 3 を根拠として、アルカリシリカ反応を原因と考えています。そうすると、その視点から再度写真を見直すことになり、鉄筋に沿ったひび割れや、エフロができていて水の流入がある、これによってアルカリシリカ反応がより進展した、などの関連事項が見えてくると思いますので、**その視点から再度すべての写真をチェックする**必要があります。

　さらに、他の可能性はないか、ということも写真をチェックすることで見えてくるものと思います。

　なお、ここではかなり細かく言葉にしていますが、解答時間もあまりないので、

こんなに細かく文章化する必要はないと思います。

2018年度　問題B-2　土木

ここでは［問1］、［問2］に分けて説明していきます。

［問1］変状の原因およびその原因を推定した理由

解答例 ［問1］

問1　本コンクリート橋の変状は、アルカリシリカ反応が原因と考えられる。この推定理由として、まず、写真3の剥落箇所の状況において、骨材周囲にリム状に白いものが見え、これがアルカリシリカ反応による反応生成物と考えられるためである。この反応生成物の膨張には水分が必要である。水分については、写真1のような橋上部のひび割れからコンクリート中に流入し、橋下部に流出したと思われる。流出の痕跡として、写真2のようなつらら状の生成物や写真5の白いエフロレッセンスがみられる。このような水の流入が生じているため、反応生成物が膨張し、劣化が大きく進展したものと推察される。また、この橋の完成年は1975年であり、この時期にはアルカリシリカ反応に対する規制がまだ定められていない。表1によれば通常の骨材を使用しているが、これらに反応性のあるものが混じっていたと思われる。
　また、他の原因の可能性を考えると、温暖な内陸部にあるため凍害および凍結防止剤による塩害の可能性は低い。さらに、写真4の桁下面のひび割れを見ると、主として橋軸方向に生じており、直角方向には生じていないため、荷重による疲労の可能性も低いと考えられる。

解説

ここでも、**変状の原因**をまず述べています。その後、**その理由**として、写真3を挙げて反応生成物について述べ、さらに反応生成物の膨張には水が必要という話から、水の流入経路の話につなげて、その証拠として写真2と写真5を示して

います。さらにこの考えを**裏付ける**ものとして、完成年代を示しています。その後骨材について、反応性のある材料を使用した可能性を示しています。これが問2の調査項目へもつながります。

　さらに、**他の原因の可能性**も示しています。正直に言えば、こちらはアルカリシリカ反応関連で書くことがなくなってしまったので、加えたものです。しかし、ここでは、他の原因の可能性の低さを示すことで、初めに述べた原因の可能性を高めているとも言えます。**文章の増減に対応する**には、このような方法もあると思います。

[問2] 今後50年間供用するために必要な調査項目と対策

解答例 [問2]

```
問2　　原因はほぼアルカリシリカ反応で間違いないと考
えられるが、骨材周りの生成物の成分分析や骨材の反応
性の調査を行って、原因を確定させる必要がある。これ
で確定の後、残存膨張量を調査し、これによって今後の
反応性の予測を立てる。残存膨張量が小さければ、今後
の変状の進展は小さいと考えられるので、ひび割れの補
修を行い、劣化箇所をはつって断面修復を行い、元の姿
に修復する。一方、残存膨張量が大きい場合、今後も劣
化が進展する可能性が大きいので、元の姿に修復するだ
けではなく、水の流入を防止する対策を行う必要がある。
これは、アルカリシリカ反応による生成物が水分によっ
て膨張することへの対応である。この方法として、前述
のようなひび割れ補修、断面修復のみならず、防水材に
よる表面被覆、表面含浸も行う必要がある。
　また、この橋梁を今後50年間供用するためには、目に
見える劣化状況の回復のみならず、橋としての耐荷性能
に関連する部分についても調査する必要があると考えら
れる。劣化の補修である程度回復すると思われるものの、
現在の設計基準に合わせた耐震補強を行うことが望まし
い。
```

解 説

　準備メモでは、**調査項目**と**対策**で半々の10行ずつ、としましたが、調査結果によって対策も変わるので、これらを明確に分けることが難しい場合もあります。

　ここでは、まず、アルカリシリカ反応を原因とした問1の解答に対応して、**調査項目**を挙げました。骨材についての各種調査、残存膨張量の調査を示した上で、残存膨張量が小さい場合の**対策**、大きい場合の**対策**をそれぞれ述べています。

　この内容で最後までいく方法もあると思いますが、気になったのが、問題文の「今後**50年**間供用するために」という言葉です。50年ということはどちらかというと長期で、**恒久的な対策**を求められているとみなせます。それを考えると、ここで述べたような劣化対策のみならず、劣化による耐荷性能の低下についての調査や耐震補強等も行った方が、恒久的な対策としてふさわしいのではないかと考え、それを付加しています（15〜20行目）。

　なお、ここでは、原因として推定したアルカリシリカ反応について必要な調査項目と対策について述べているわけですが、もし、これでアルカリシリカ反応が原因でなかったら、ここで言っていることはほぼ意味のない内容になるので、大幅な減点…そして不合格と思います。

　問1で診断ミスのないようにする必要があります。これは知識を身につけるしかないでしょう。

2017 年度　問題 B-1（建築）

　建設後 30 年が経過した、鉄筋コンクリート（RC）造煙突の健全性調査を行った結果、表 1 および図 1 に示す状況が確認された。なお、表 2 は煙突の諸元、表 3 はコンクリートの概要である。

　これらを受けて、次の問いに合計 1000 字以内で答えなさい。

[問 1] 煙突頂部のひび割れ（図 1 の破線部、写真 1）が生じた原因を推定し、その推定理由を述べなさい。

[問 2] 写真 2 に示す主筋の腐食が生じた理由を述べなさい。また、写真 4 に示す壁体内側と壁体外側で中性化深さに違いが生じた理由を述べなさい。

[問 3] この煙突を今後 30 年間使用するために必要な調査方法、対策および対策後の維持管理計画について提案しなさい。

表 1　煙突の状況

部位等	状況	参照
壁体外側	・煙突頂部に、特に多くのひび割れが発生 ・ひび割れは、最大幅 2mm 程度、壁体を貫通 ・ひび割れ部に沿った位置の主筋が腐食	図 1 写真 1 写真 2
壁体外側の表面温度	・煙突頂部の稼動時の温度は 50℃ 程度 ・煙突頂部の非稼動時の温度は外気温程度 ・煙突基部では稼動時、非稼動時とも外気温程度	図 2
煙突内部	・煙突頂部で、排気ガス中の SO_x と H_2O が硫酸（H_2SO_4）となって煙突内部に結露し、耐熱ライニング（耐火れんがや目地）が損傷 ・上記の耐熱ライニングの損傷により、壁体内側のコンクリート表面にも硫酸が結露	写真 3 図 1
煙突頂部のコンクリートの中性化深さ	・壁体外側 10mm、壁体内側 20mm	写真 4

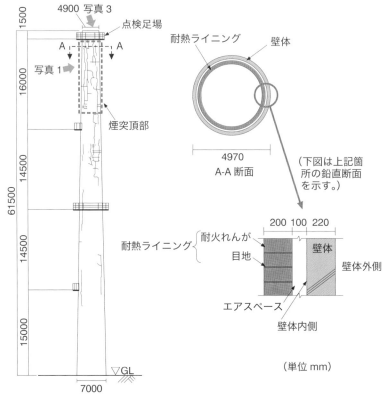

図1 煙突の立面、断面およびひび割れ発生状況

（単位 mm）

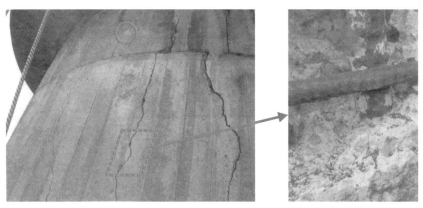

写真1 壁体外側に認められる貫通ひび割れの状況
（破線部は写真2の位置、赤丸は写真4のコア
採取位置）

写真2 はつり後の鉄筋の腐
食状況（主筋がフー
プ筋より激しく腐食）

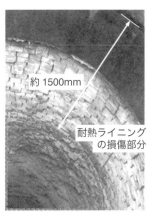

約1500mm

耐熱ライニング
の損傷部分

写真3　煙突内部の耐熱ライニングの損傷状況

点検足場

凡例：温度（℃）

図2　煙突頂部の熱画像（稼動時）

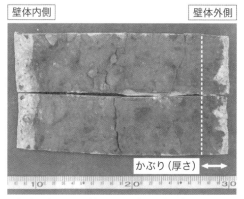

壁体内側　　　　　　　　　壁体外側

かぶり（厚さ）

写真4　煙突頂部のひび割れのない位置（写真1の赤丸の位置）
　　　　で採取したコア供試体の中性化状況
　　　　（白い矢印は壁体外側のかぶり（厚さ）に相当）

表2　煙突の諸元

建設年	1987年
立地および用途	関東地方の内陸部、重油燃焼による排気ガスの排出
壁体（RC断面）	最頂部：壁体の厚さ200mm、外側かぶり（厚さ）30mm、 　　　　主筋D19 @ 200 ダブル配筋 最基部：壁体の厚さ800mm、外側かぶり（厚さ）50mm、 　　　　主筋D29 @ 150 ダブル配筋
排気ガス温度	稼動時　煙突頂部：140℃、煙突基部195℃
排気ガスの成分	CO_2（濃度5.5%）、H_2O、SO_x（濃度20ppm）
煙突の運用状況	2日/週は非稼動

表3　コンクリートの概要

設計基準強度	21N/mm²
スランプ	18cm
水セメント比	58.0%
単位水量	180kg/m³
セメント種類	普通ポルトランドセメント
細骨材	山砂
粗骨材	川砂利

2017年度　問題B-1（建築）

準備メモ例

［問1］

煙突頂部のひび割れ

　構造としては、煙突内部から

　　　　耐熱ライニング、エアスペース、壁体（コンクリート）

　この一番外にあるコンクリートにひび割れ

　表2から　煙突頂部で145℃の高温　図2の外部熱画像でも48℃

　　熱による膨張、収縮の繰り返しか？

　　硫酸によるひび割れがこうなる？

　煙突基部ではなぜ起きていない？　温度は195℃と高い

　　　　表1では外部温度は外気温程度なので熱が伝わっていない？

　写真2　鉄筋も腐食している

　問2で鉄筋腐食の理由が問われている。

　　　問1のひび割れは鉄筋腐食とは原因が違う？　鉄筋腐食も少し関係？

［問2］

主筋の腐食

　　写真2　主筋の方がせん断補強筋よりも腐食

　　内部からの劣化因子が大きい

　　硫酸が直接接触

中性化深さの違いの理由

　　写真4　壁体内部の中性化が大きい　内部に何かある？

　　表2　排気ガス　CO_2濃度高い　中性化

　　　　　　　　SO_xも存在　化学的劣化？

208

[問3]

今後30年供用　長期

調査方法　熱の状況？　これは調査済み？

　　　　　硫酸の発生状況　これはどうしようもないか。

　　　　　化学的侵食の程度、鉄筋の腐食状況

対策

　根本は熱応力の低減→どうする？　コンクリートを厚くする？

　　　　　　　　　　　耐熱ライニングの補修、増厚？

　　　　硫酸をコンクリートに触れさせない→耐熱ライニングの補修

　　その前に劣化したコンクリートの補修か。

維持管理計画

　時々熱状況の確認、

　壁体コンクリートに硫酸が触れていないか確認する

文章量　40行　割る3で各問13行前後

[問1]　12行

[問2]　中性化の違いは長くなりそう？16行

[問3]　12行？　書こうと思えば書けそう

解説

　ここだけの話ですが、もしこの問題が熱による劣化のみ、ということであれば、建築分野の人であっても、パスして土木分野の方を選択するというのも一つの方法です。熱や火災による劣化については四肢択一問題の方でもあまり出ないので、勉強しておらず書けないという場合もあろうかと思います。その場合、あきらめずに、土木分野の問題も見てそちらを選択するのも禁じ手ではないと思います。

　実際、2010年度の建築分野の問題は火災による劣化でした。このときは土木分野の方を選択した人も多かったのではないかと思います。

2017年度　問題B-1（建築）

解答例

| 1 | 問1　煙突頂部のひび割れは、表1のように稼働時の温 |
| 2 | 度が50℃、非稼働時の温度が外気温程度という温度差か |

ら生じる熱応力が主たる原因と考えられる。また、これ
に加えて、問2で問われている鉄筋の腐食によってひび
割れが拡大したことが予想される。

　熱応力によるひび割れは、高温による膨張、低温によ
る収縮の繰り返しに加えて、その変形が拘束された時に
発生する。この場合、煙突頂部に対して、煙突基部につ
いては、大きな温度変化が見られず、さらにその厚みも
あることから、基部はほとんど変形しないものと考えら
れる。この基部の拘束により、熱応力を受ける頂部にひ
び割れが発生したものと考えられる。

問2　主筋の腐食については、表1に示されるように、
煙突頂部で硫酸が発生しており、この硫酸による腐食と
考えられる。本来ならこの硫酸は直接鉄筋に触れること
はないが、耐火ライニングが損傷したために、硫酸がコ
ンクリート壁体に直接接触して、まずコンクリートの劣
化が進んだと思われる。さらに、問1で示したひび割れ
も生じ、硫酸が鉄筋に直接接触し腐食が進んだものと考
えられる。また、表2の排気ガスの成分のCO_2の濃度が
5.5％と高く、これがひび割れからコンクリート内部に入
り込んで鉄筋をさらに腐食させたものといえる。

　壁体内側と壁体外側で中性化深さに違いが生じた理由
についてもこのCO_2濃度が原因である。壁体外部に比較
して壁体内部の方が、CO_2濃度が排気ガスの成分として
高いため、それが中性化を促進し、写真4のように壁体
内部の中性化が進んだと考えられる。

問3　この煙突を今後30年間使用するためには、壁体コ
ンクリートの温度状況を抑えることと、壁体コンクリー
トに硫酸を触れさせないことが維持管理上重要である。
内部温度の状況も硫酸の発生もいずれもそのものは防止
できないと考えられるため、本来の保護層である耐熱ラ
イニング層を補修するとともにその厚みを増すか、壁体
コンクリートそのものの厚みを増す方法が考えられる。

その前に、現在の劣化したコンクリートの補修のために、まず、化学的侵食の程度を調査する。侵食されているコンクリートは除去したうえで断面修復を行うという対策を講じる。また、鉄筋の腐食状況を調査する。腐食が進んでいる部分については、錆の除去および防錆処理を行って今後の鉄筋の腐食を防止する対策をとる。

診断士

解説

[問1]

　煙突頂部のひび割れですので、煙突基部でなぜ発生していないかということも考える必要があると思います。硫酸が煙突頂部で発生するようなので、硫酸が原因とも考えられますが、ここでは温度変化による収縮膨張を主たる**原因**として、加えて鉄筋腐食を述べています。

[問2]

　問われているのは2つ。**主筋の腐食が生じた理由**と、**中性化深さに違いが生じた理由**ですので、ここではその順にメカニズムも含めて説明しています。

　まず、主筋の腐食が発生した理由として、硫酸による腐食を提示しています。とは言え直接硫酸が接触しないとそうはならないので、そのメカニズムとして、硫酸によるコンクリートの劣化と、(1)のひび割れを述べて、硫酸が直接接触したとしています。さらにCO_2濃度も理由として加えています。

　続いて中性化深さの違いに関しては、このCO_2濃度を使いながら説明しています。

[問3]

　問われているのは、**調査方法**、**対策**および**維持管理方法**です。ここでは順番を変えて、初めに維持管理の根本を述べています。その後、化学的侵食の調査・対策、鉄筋の腐食状況の調査・対策を述べる、という流れにしています。

2017 年度　問題 B-2 （土木）

　供用開始後 30 年が経過した、中国地方内陸部に位置する幹線道路の橋梁
（PC 箱桁橋・RC 中空床版橋）の調査を行った。図 1 はこの橋梁の側面図、
表 1 は橋梁諸元等である。調査の結果、写真 1 の A 部、写真 2 の B 部、およ
び写真 3 の C 部に示すような変状が認められた。写真 1 ～ 3 の撮影箇所は図
1 に示すとおりである。

　これらの変状について、次の問いに合計 1000 字以内で答えなさい。

[問 1] PC 箱桁橋（A 部、B 部）および RC 中空床版橋（C 部）の変状の原因
　　　をそれぞれ推定し、その推定理由を述べなさい。また、それぞれの変
　　　状に対する健全性の診断に必要な調査項目を述べなさい。

[問 2] この橋梁は、今後 50 年間使用する計画である。PC 箱桁橋（A 部、B
　　　部）および RC 中空床版橋（C 部）の変状に対して必要な対策を提案
　　　しなさい。

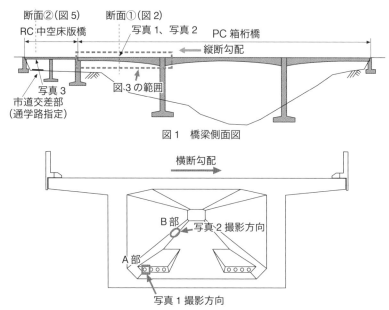

図 1　橋梁側面図

図 2　PC 箱桁橋の断面（断面①）とその周辺の模式図

表 1　橋梁諸元等

項目		内容
橋梁概要		形式：PC 3 径間連続箱桁橋（60m + 80m + 60m） 　　　+ RC 2 径間連続中空床版橋（2 @ 18m） 適用示方書：昭和 55 年道路橋示方書
調査結果	コンクリートの設計基準強度	PC 箱桁橋：40N/mm² RC 中空床版橋：24N/mm²
	施工方法	PC 箱桁橋：張出し架設工法（PC 鋼棒 φ 32mm B 種） 　　　　　側径間部 PC 鋼棒（主鋼材）配置を図 3 に示す RC 中空床版橋：固定式支保工架設工法
	防水層の有無	無し
	交通の状況	交通量：25000 台 / 日 大型車混入率：30%
	凍結防止剤の散布	あり
	骨材	アルカリシリカ反応性：無害
	RC 中空床版橋での交差道路の概要	市道は地域交通を担う道路、通学路指定
	B 部付近のグラウトホースの配置	図 4 に示す

診断士

A 部

PC 鋼棒定着部

A 部から飛散したコンクリート片

箱桁内の A 部周辺状況

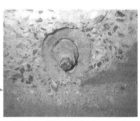

A 部拡大（PC 鋼棒が 1cm 程度抜け出ている。）

写真 1　下床版の PC 鋼棒定着部（A 部）の変状

B 部

写真 2　下床版ハンチ部近傍（B 部）の変状
　　　　（シース配置箇所に、エフロレッセンスと錆汁を伴ったひび割れが見られる。）

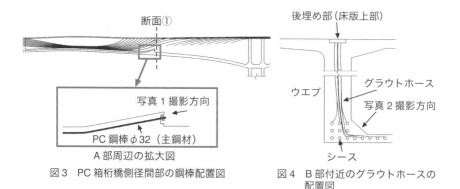

断面①

写真1撮影方向

PC鋼棒φ32（主鋼材）

A部周辺の拡大図

図3　PC箱桁橋側径間部の鋼棒配置図

後埋め部（床版上部）

グラウトホース

ウエブ

写真2撮影方向

シース

図4　B部付近のグラウトホースの配置図

横断勾配

C部

写真3撮影方向

図5　RC中空床版橋の断面（断面②）

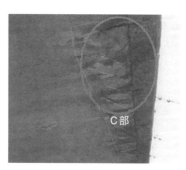

C部

写真3　張出し部（C部）の変状（コンクリートの浮き・剥離、錆汁が見られる。）

準備メモ例

[問 1]

（原因・推定理由）

A 部　PC 棒鋼がこちらにはらみだした？ 鉄筋腐食による膨張？

　　　横方向はよく聞くけど縦方向もある？ 破断？

　　　鉄筋腐食の原因は？ 凍結防止剤？

B 部　PC 棒鋼の腐食　エフロレッセンスと錆汁から

　　　鉄筋腐食原因は？ グラウト部分に水が通る隙間がある？

　　　施工時の問題？ 凍結防止剤も？

C 部　凍結防止剤による塩害か。勾配で C 部に集まる。

（健全性の診断に必要な調査項目）

A 部　鉄筋の発錆状況調査

B 部　内部の隙間調査　マイクロスコープ？

C 部　塩害だとすると、その部分の塩化物イオン量の調査

[問 2]

　　　今後 50 年供用　長期　塩分が広がっていたら厳しい？

　　　→脱塩工法？

　　　全体として、凍結防止剤の流下によるものと考えれば下の方へ流入しない

　　ように床版防水を入れて、水の流れをコントロールする。

A 部　防錆処理を

B 部　グラウト部分に空隙があるなら、それをふさぐため注入。

　　　防錆処理はする。

C 部　はつって防錆処理か。　亜硝酸リチウム

　　　剥落防止対策も？　繊維補強コンクリート、ネット貼り付けとか？

文章量　40 行　半分ずつだと各問 20 行

[問 1] 半分前後までは書く　できれば多め？

　A、B、C 分けて説明するなら各 7 行ぐらいか。

　基本的には鉄筋腐食が原因だから、まとめて説明する？

[問 2] 全体としての対策を書くとそれが 5 行ぐらい？

　A、B、C それぞれで残り 15 行　各 5 行？

解説

[問1]

　A部、B部、C部のそれぞれについて原因とその裏付けとなる理由を考えていきます。鉄筋腐食らしくはありますが、写真や諸元のどの部分からその理由を説明するかを考えておきましょう。

　また調査項目については、当然原因から考えることになるわけですから、その対応を取って挙げる必要があるでしょう。

[問2]

　今後50年間なので、長期と考えられるでしょう。長期であれば、根本的な対策として、脱塩工法も考えられますし、各部に浸透させない方法も考えられるでしょう。これは全体の話ですが、A部、B部、C部のそれぞれについても考えています。

文章量について

　問は2つなので単純に半分なら各20行。書きやすさはどっちが上でしょうか?

　それぞれA部、B部、C部について、とあるので、セオリー通りなら3等分ですが、これもそれぞれを書いた方がよいか、まとめた方がよいか考えます。

2017年度　問題 B-2（土木）

解答例

```
問1　A～C部の変状は全て鉄筋腐食によるものであり、
その原因として、表1に示されている凍結防止剤の散布
による塩害が推定される。
　　この橋梁では、床版の下に防水層がないため、橋梁上
に散布された凍結防止剤の塩分を含む水が、橋梁下部ま
で浸透する。そのため、A部およびC部で鉄筋が腐食し
たものと推定される。一方B部では、グラウトの充填不
足により内部に水が通る空隙ができており、水がその部
分を通り、PC棒鋼を腐食させつつひび割れを生じさせ、
その部分から水が流出することで、エフロレッセンスお
よび錆汁が生じたものと考えられる。
```

この考えに基づいて健全性の診断に必要な調査項目を挙げると、まず各部の全塩化物イオン量の調査が必要になる。さらに、水の経路の調査を行い、全塩化物イオン量との関連を検討して塩化物イオンの濃縮の有無についても明らかにする必要がある。特にB部については、内部に空隙があり、水が溜まっている可能性があるため、その状況をマイクロスコープなどで調査する必要がある。これらの結果を踏まえて、各部の鉄筋の腐食状況についての調査を行い、その程度を把握する必要がある。

問2　今後50年の供用は長期である。このため、問1で調査した項目の結果によってその対策も変わることになる。ただし、凍結防止剤の塩分が水に溶解して橋梁全体に浸透するのがもっとも大きな問題と考えられるため、全体的な対策としては、防水層を床版上部に設置し、水の流入経路をコントロールすることが重要である。また、供用が長期にわたることを考えれば、すでに浸透した塩分を除く脱塩工法の採用も考えられる。

　A部については、PC棒鋼の腐食状況にもよるが、ひどくなければはつって防錆処理の上、端部コンクリートも含め断面修復を行う。B部については、グラウトの空隙部の状況によるが、これもひどくなければひび割れ部、空隙部のPC棒鋼を露出させて、防錆処理の上、グラウト注入、断面修復を行う。しかし、A、B部についてはPC棒鋼であり応力を導入しているため、応力の低減や破断の可能性もある。その場合は、外部PCケーブルによる応力の再導入が必要になる。C部については、通常のRC中空床版であるため、応力について考える必要はなく、浮き部をはつって鉄筋の腐食状況を観察し、ひどくなければ防錆処理の上、断面修復、剥離防止処理を行う。

解 説

[問 1]

　問 1 では、A 部、B 部、C 部の変状の**原因**と**推定理由**、**調査項目**が問われています。

　ここでは、A ～ C 部の原因を、初めに**まとめて**述べています。これは原因がほぼ塩害としてまとめられるものであったからですし、それぞれ別に述べると行数が足りなくなるかと思ったからでもあります。

　その後、**推定理由**については、劣化のメカニズムとして**共通する内容**を説明し、A、C 部はこれによって劣化しているとまとめて述べ、B 部についてはそれに加えて別の要因があったので、その要因を劣化状況と関連させて述べています。

　調査項目についても、共通する項目をまず述べて、B 部については特別に必要な項目があるという流れで説明しています。

[問 2]

　問 2 では「それぞれの変状に対して、必要な対策を提案しなさい」と問われているので、書き出しとして問 1 で述べた調査項目の結果によって変わる、という当然のことを改めて述べています。不要かもしれませんね。

　その後に、**全体の対策**として水の経路のコントロールの方法や、抜本的な対策としての脱塩工法を述べています。

　改行して、A 部、B 部、C 部について**それぞれの対策**を述べています。A、B 部は PC 棒鋼ということが共通するので、少しまとめて述べています。その後 C 部について述べています。

小論文チェックシート

試験前の確認事項
　□文体を混在させない。
　□段落のはじめは1字下げる。
　□内容の切れ目で改行を行う。
　□指定の行数まで書く。
　□長文ではなく、短文で。
　□接続詞で文章をつなげていく。
　□問題文の語句をそのまま使う。
　□主語・述語を明確にし、対応をとる。
　□主語には、すでに出た語句を使用する。

書き出す前のチェック事項
　□書こうとする内容は、問題文に適切に答えている内容となっているか。
　□書こうとする内容は、問題で問われている内容全てに対して答えているか。
　□キーワード同士のつながりをイメージできているか。
　□小論文全体の骨格をイメージできているか。

書いている途中のチェック事項
　□文章は何行目まで書くか。
　　：さらに書くか、次の項目に移るか。
　□書いている内容は、問題文に適切に答えている内容となっているか。
　　：話が途中で変わったりしていないか。
　　：最後に結論を持ってくる場合は、その結論に達しているか。

書いた後のチェック事項
　□誤字・脱字はないか。
　□専門知識の内容に間違いがないか。
　□「てにをは」が正しいか。
　□主語・述語の対応が正しいか。
　□文章の文体は統一されているか。
　□文章の長さは適切か。
　　：可能なら文章を切って、接続詞を使ってつなぎ直す。

著者略歴

平岩 陸（ひらいわ たかし）

1973 年愛知県岡崎市生まれ。名城大学理工学部建築学科准教授。
1999 年名古屋大学大学院理工学研究科建築学専攻博士課程中退。1999 年豊田工業高等専門学校建築学科助手、
2007 年名城大学理工学部建築学科助教を経て現職。博士（工学）、一級建築士、コンクリート主任技士、コンク
リート診断士。主な著書に「建築材料を学ぶ」「建築施工を学ぶ」（理工図書、共著）、「やさしい構造材料実験」
（森北出版、共著）「図説 建築施工」（学芸出版社、共著）他。

コンクリート主任技士・診断士試験
小論文のツボ

2021 年 8 月 15 日　第 1 版第 1 刷発行

著　者⋯⋯⋯平岩 陸

発行者⋯⋯⋯前田裕資
発行所⋯⋯⋯株式会社 学芸出版社
　　　　　京都市下京区木津屋橋通西洞院東入
　　　　　電話 075-343-0811　〒 600-8216
　　　　　http://www.gakugei-pub.jp/
　　　　　E-mail:info@gakugei-pub.jp
編集担当⋯⋯⋯中木保代

装　丁⋯⋯⋯KOTO DESIGN Inc. 山本剛史
編集協力⋯⋯⋯村角洋一デザイン事務所
イラスト⋯⋯⋯森國洋行
印　刷⋯⋯⋯オスカーヤマト印刷
製　本⋯⋯⋯新生製本